U0871391

读懂童年

曲韵儿童心理课

曲韵／著

中国妇女出版社

图书在版编目（CIP）数据

读懂童年：曲韵儿童心理课 / 曲韵著. -- 北京：中国妇女出版社, 2018.1
ISBN 978-7-5127-1452-6

Ⅰ.①读… Ⅱ.①曲… Ⅲ.①儿童心理学 Ⅳ.①B844.1

中国版本图书馆CIP数据核字（2017）第237348号

读懂童年——曲韵儿童心理课

作　　者：曲　韵　著
责任编辑：王　琳
封面设计：季　晨
责任印制：王卫东
出版发行：中国妇女出版社
地　　址：北京市东城区史家胡同甲24号　　邮政编码：100010
电　　话：（010）65133160（发行部）　65133161（邮购）
网　　址：www.womenbooks.cn
法律顾问：北京天达共和律师事务所
经　　销：各地新华书店
印　　刷：北京通州皇家印刷厂
开　　本：165×235　1/16
印　　张：16.25
字　　数：260千字
版　　次：2018年1月第1版
印　　次：2018年1月第1次
书　　号：ISBN 978-7-5127-1452-6
定　　价：38.00元

前言

不教不治——儿童心理的正确“打开”方式

孩子也有小心思

有些人会从字面的意思理解“心理问题”，认为心理问题就是心里想不开。这导致不少成人觉得小孩子哪里有那么复杂，哪里有什么心理问题呀！我在一个家长微信群里还见过这样的言论：“3岁以前的孩子就跟小动物一样，哪里有什么心理问题。家长不要瞎焦虑。” 这是对心理和心理问题不了解导致的。

人在遇到事情时会产生认知、情绪、意志上的一系列变化，这是正常的心理过程，而心理过程的结果会表现在一个人的行为上。

一个3岁女孩大冬天想吃冰棍，妈妈不给。被拒绝的时候我们都会生气，所以这个女孩自然而然地产生了愤怒的情绪。在她的认知中，哭闹有时就能得到妈妈的同意。于是，她就把愤怒发泄出来，摔掉手中的玩具，边哭边吼“我就要吃，就要吃”。

另一个女孩，在面对同样的情况时，产生的可能是伤心的情绪。而根据她自己的经验与认知，她讨好、乞求更有效，那么这个孩子的表现就会与前一个孩子不同，她会边哭边跟妈妈说好话，求妈妈、讨好妈妈。

一个人的外显言行反映的是他内在的知、情、意过程，也就是他的心理。上面例子中两个女孩所表现的都是正常反应。然而，一旦第一个女孩动不动就哭闹，根本不讲理，或者第二个女孩常常不开心，超过了相应年龄段的平均反应水平，就要引起家长的重视了。这些异常的情绪表现和行为表现表明孩子在认识上和策略上有偏颇、不灵活，家长应及时帮助孩子扩展，至少要改变对待孩子的方式。如果还不奏效，孩子的情况愈演愈烈，那么说明孩子有行为上的问题，而这些问题反映出的是孩子心理上的问题。

孩子内心的惶惑不安和不佳的情绪，如担忧害怕、紧张焦虑、生气挫败、伤心悲痛、郁郁寡欢等，会影响孩子的内感觉，也就是说孩子的器官，如肠胃、肺、喉咙、眼睛、皮肤等会有异样，产生不舒服的感觉。孩子的遗传特质不同，会引发不同的表现。有的孩子直接把不舒服表现出来，如哭闹、缠人、发脾气打人、不吃饭、不睡觉、不听话等；有的孩子为了缓解这些不舒服，会发展出一些行为来自己安抚自己，如总抱着玩具、啃手指甲、白日梦、自慰等；有的孩子在紧张不安、充满挫败的环境中时间长了，会出现身体的功能性反应，造成躯体疾病，如头疼、肚子疼、神经性尿频、抽动症等。

上面说的是小小孩的反应。随着年龄的增加、阅历的丰富、知识的获取、道理的灌输，孩子会逐渐形成自己的认知、理念和标准，在情绪表达、与人交往、实现目的等方面形成自己越来越固定的模式。这个过程是建设的过程，同时也是试错的过程；是学习、习得等做加法的过程，同时也是剔除让自己难受、利益受损的言行等做减法的过程。逐渐地，孩子就会形成一些相对固定的思维模式和行为模式，并开始总结提炼理念和观念。这些理念和观念又会反过来影响孩子的认知和行为。有的孩子明显越活越明白，能够举一反三，总结经验教训；有的孩子却被自己的理念和观念限制甚至带偏，表现出更多的言行问题，导致异常。

所以，心理问题就是在心理需求和动机的影响下，在面对某事、某人，在某一个处境、某一个时间，一个人所表现出来的不恰当的外显言行。这些不恰当的外显言行，可能是其错误的认知、错误的情绪或错误的理念导致的。德国积极心理疗法认为，健康的人不是没有问题的人，而是能够恰当地应对问题的人。这个恰当是不跟外界、不跟他人起冲突，也没有自己内心的冲突；这个恰当也表明，任何人对事情的处理应对，没有标准的唯一答案，都是个人的选择并为自己的选择负责。

对于严重的心理障碍、精神障碍，我们国家有诊断标准和分类，国际上也有标准。可对于一般性的心理行为问题，就没有严格的定义和分类了。我在本书中进行的分类，是站在家长的角度，根据普通人能够观察到的问题表现做出的，包括社会心理原因造成的和先天原因造成的。

试错是成长的基石

从来没有人生下来就全知全能，我们会不断遇到各种新事情、新人物、新环境，孩子尤其如此。很多粗心的家长会觉得，孩子所遇到的所有新鲜事物都要告诉他吗？他不知道吗？是的，很多事情如果成人不告诉孩子，孩子就要靠自己去摸索。即便你告诉了他，他还有自己的想法和决定。简单地说，当一个孩子表现出缺陷或者问题时，他常常是卡在了那里，不知、不敢、不愿、不能或者不会去应对。

很多家长现在知道要蹲下来同孩子说话。蹲下来，你就会发现孩子的视角是不一样的——他站得不高，就没法看得远。同理，如果你从认知、能力、方法、经验等各个方面都“蹲”到与孩子同一高度，你就能够理解孩子很多的行为以及行为背后的原因。

基本上，成长是一个自我探索的过程，即使有家长的灌输和学校的教育，孩子若想真正学会并内化为自己的东西，就必须经历一个自我尝试的过程。在这个过程中，孩子一试就对、一语中的、一帆风顺，是不少家长的梦想。这也确实只是个梦想。事实上，孩子必须自己亲身体验到现实的发生，他才能真正认识、理解并记住、提炼、积累经验，以利于后来问题的应对。这个过程一定是试错的过程。通过错，通过偏颇，孩子才能真正找到正确和恰当。否则，一时没有问题，反而可能在将来出现重大问题，大到代价太大，甚至没有足够的时间和资源能去修正。

说问题是试错的过程，并不是说就不去处理问题了。恰恰是通过家长分析问题和处理问题，孩子才会更好地体验和学习。俗话说，“不经一事不长一智”“吃一堑长一智”“失败乃成功之母”等，就是这个意思。家长必须去处理问题，目的不是为了压住问题或者仅仅修正问题本身，而是抓住问题背后孩子成长的契机，通过解决问题而让孩子更好地成长。因此，解决问题最重要的是分析清楚问题的来源，并给出合当的解决方案。

本书中，我会针对每一个问题行为进行深入全面的分析。在这里，我先概括地介绍一下前面所说问题的两个大类引发因素，即生理因素和社会心理因素。

生理因素包括：

• 先天造成的生理性大脑发育或大脑功能问题，比较常见的有智力低下（学名为精神发育迟滞）、多动症（ADHD）以及自闭症（现在更全面的名称是自闭谱系障碍）。

• 后天的脑功能损伤，如外伤、铅中毒等。

• 早产或孕产期的不利因素。

• 儿童的先天气质类型。关于先天气质类型，不同的理论有不同的分类方法，但基本上可以分为两类，即好养型和难养型。难养型儿童天生较急躁或过度谨慎、抑郁。

社会心理因素包括环境、养育方式、个人心理特征3个方面。

1.环境

孩子所处的环境如果足够丰富，既能提供足够的信息和情境让孩子学习、探索，又有足够的挑战让孩子去适应、应对，才是有助于成长的环境。环境包括小范围的家庭环境、社区、幼儿园、学校，以及大范围的城市或乡村环境、文化传统、国家制度等。这些都对孩子的人格塑造有影响。

容易让孩子出问题的环境主要有以下几种：

①**环境过于贫乏。**现代家庭中家庭结构和成员较少、较单一。由于家务活动减少或外包使闲暇时间增多，大人利用业余时间去忙自己的事，而孩子却会觉得无聊。这还不如以前看着父母忙家务，孩子逐渐学习与参与，生活还丰富多样一些。社区环境由于人口流动等原因，缺乏安全感和紧密感，邻里交往明显减少，10岁以内的孩子不用大人陪，单独在小区里和小朋友玩，几乎不可能。

②**环境过于单一、偏狭。**有的家庭给孩子买的书和玩具可以堆满一屋子，但那并不是真正的丰富，从品种来说仍是单一的。这些书和玩具的用途除了阅读就是益智，目的性强、功利性强，无法满足孩子全面成长的需要。

③**环境过度刺激、挑战。**如果夫妻不和，经常争吵，或三代同堂，分歧较大，家里要么像雾霾一样阴沉，要么狂风暴雨，很少有阳光和煦的时候，孩子感受到的是不安、紧张、困惑、无所适从。另外，如果家里有保姆、司机、家庭教师等人员构成复杂，这些人又像雇员，又像亲友，成年人都不容易处理如此复杂的关系，对孩子来说更是不明白、不理解。孩子与这些人的互动方式会充满矛盾：孩子开始会“怕”保姆，但不久他就能发现保姆其实“怕”他和妈妈；家庭教师本来应该“管”孩子，但不久孩子发现他可以直接或通过妈妈来“管”家庭教师；妈妈认为爸爸忙、回家

少，特意选大男孩来当司机兼玩伴，让孩子叫哥哥，可是这个哥哥一点儿都没有哥哥的样子，反而讨好他，表面友善，但并不贴心亲密；等等。这些都是令孩子感到不稳定、不安全、不长久、不正常、太困惑而难以应对的环境。

④**环境刺激度不够。**有的环境虽然不算单调、贫乏，但刺激和挑战不足，如孩子还没感到需要就已经得到了满足，一切都随顺孩子。这样的孩子不需要努力，不需要想办法去达到目的，没有被拒绝过，没有被要求服从集体利益过，那么他的社会性发展一定是不足的。

⑤**环境不现实、不贴近生活。**孩子的生活和时间是由各种课分割的，画画不是因为可以幻想和创造，而是有目的、有技巧的课；英语不是为了交流或理解故事，而是语法、单词课；跳舞不是因为随心所欲地扭动肢体以表达心情，而变成要压腿、要表演的课。不论课上得多么生动活泼，它也是课。陶艺课上即使随便玩，也跟平常雨后与小伙伴一起挖起软泥乱捏一气不一样。上课是按时的，在固定地方，有着固定人群，而不是根据孩子的心情、需要和目的安排。看似课程种类丰富多样，孩子却感受不到快乐，引发不了兴趣。

2.养育方式

好的养育方式是针对孩子成长的需要，在理性发展和情感能力上均予以支持，养成孩子良好思维模式与行为模式的过程，促进孩子自我概念、自尊和自我价值的形成，让孩子最终能够由完全依附于家长到有能力打造自己的生活，掌握自己的人生。不好的养育方式恰恰相反，它阻碍、抑制孩子某些方面的成长，或过度促进孩子某些方面的成长，结果令孩子在社会行为、人际关系、理念信条、价值观等方面发展不均衡，有的有大缺陷，有的过度补偿，造成人格发展不完善，出现各种外显行为问题。

容易出问题的养育方式常有以下几种：

• 过度严格甚至严厉，令孩子因恐惧而被动约束自己；

• 过度放纵，令孩子缺乏自律，不遵从基本的社会规范和道德标准，任性妄为；

• 溺爱，造成孩子只知索取情感，不会主动去爱别人，与人建立联系；

• 缺乏对孩子本人真正的关爱，不了解、不信任、不尊重孩子的人格与生命本质；

• 灌输太多的道理，不给孩子自由意志、自我思考的空间；

• 不关注孩子的精神世界，用物质的、成就的东西替代超越的、有关人生真正价值的反思；或者养育的本质变成教育，把学校教育、社会教育移植到家里，还美其名曰家庭教育，把孩子不当亲人，当教育对象，形成亲子对立；

• 养育的本质变成纯“养”，如养宠物一般，要什么给什么，不关注孩子作为“人”的成长的内在需要和外在行为的养成，一切交给学校、交给家教、交给社会，没有尽到父母的责任。

3.个人心理特征

个人的认知、情绪、意志力的心理过程特征与外在行为模式、能力的形成，有先天气质的原因，但更多的是受后天环境与养育方式的影响。6岁以前，主要是以被动应对为主。从7岁开始，孩子的主动应对才逐渐明显，11岁左右才能形成抽象、总结、逻辑推理能力，13岁左右主动尝试自己的主观意志和新的言行方式，23岁左右基本形成人格并趋于稳定。所以，孩子越小，他的言行表现越能反映出外界的塑造影响。因此，一个人的心理特征既受先天的影响，又受后天的影响，不能孤立地去看一个人，也不能把责任全归因于家庭、社会或者遗传因素。

上述的这些影响因素，在每一个孩子身上会具体体现为千变万化的各个影响事件和人物。家长了解了这些影响因素，就会在发现问题时不再钻牛角尖地认为一定是某一个人或者某一件事造成的，就会有扩展的视角，去查找各个相关的影响因素。

做孩子起飞的助力

很多家长在发现或者被告知孩子的问题后，常常有以下这些表现：慌了并火了，认为孩子完了或者这样下去迟早完蛋，于是病急乱投医，并且对孩子产生不耐烦、不喜欢、恨铁不成钢等情绪反应；不相信孩子有这些问题，觉得是其他人大惊小怪或冤枉孩子了；将信将疑或自欺欺人，不敢面对现实和接纳现实，犹豫摇摆，错失了干预解决的时机。

一般家长的解决方法是：按照自己的理解、经验和理念去解决；照着书或者听一些课去学习解决；上网查询；问专家或其他家长，问同事等，向他人求助。

前面提到过，解决孩子的问题，正好是助力孩子成长的机会。也就是说，我们要看到问题背后孩子的动机和需求。例如，孩子不跟人打招呼，不见得就是不礼貌，也许他正在评估这个人，正在考虑自己应该如何跟他打招呼。一个孩子在同学之间总是显得强势，不见得就是霸道、自我为中心，也许他希望在集体中有一个好的表现。一个孩子经不得批评，太好面子，也许是他对自己的期许和要求比较高，很在意别人对他的接纳……因此，家长要有一双慧眼，能够看透表面，看到本质，从本质上云帮助孩子用更好的办法去满足自己的需求，去协调人我关系，而不是抓住问题行为不放，批评指责孩子。当然，要所有家长都能够专业地做到这一点是强人所难。如果家长自己的人格没有问题，能够处理生活中的大事小情，那么就按照上面说的那样去处理，随机地、自然地跟孩子互动，而不要总是幼想给孩子完美的养育，也不要强求自己做到完美。孩子有的是时间和空间从生命过程中遇到的每一件事、每一个人那里去学习。但是，如果家长意识到自己已经无法处理好孩子的问题了，那么请一定不要否认问题或者转移问题，可以试着向专业人士求助。如何评估和选择专业的咨询师，请参见本书相关章节。

一般说来，当家长自己观察到或老师等人反映孩子言行上的偏差，家长一定不要急于下结论。一旦确认孩子真的有超出平均范围的过度偏差，那么要从以下3个方面下手解决：

- 生物学检查与治疗。如果是先天遗传问题或生理原因，该吃药吃药，该矫治矫治。注意，一定要到正规的机构做诊断和治疗。

- 养育方式和环境的改变，如转学、休学、更换班级。遇到这类情况，最重要的是父母要反思和调整自己的养育方式和生活方式。

• 针对孩子的心理进行辅导或治疗，包括游戏、音乐、催眠、谈话等各种形式，必须对症，必须是正规、专业的人员和机构进行。

特别提醒一些家长，一方面要了解和掌握孩子的成长过程和标准，了解一些常见的问题和分析；另一方面一定不要认为读过这方面的书就能够自行诊断、自行处理了。一旦自助不见成效，就要尝试求助。千万不要想着当孩子的心理咨询师，那是不同的关系和互动。另外，不要随便给其他家长出主意。我发现总有一些家长，读了一些书，还不确定这些书的说法对不对，就给别的家长支着，或者用自己的成功经历去告诉别人照着自己的方法办。如果真的能够用成长与发展的观点看孩子，能够理解前面所说的各个相关因素，人就不会自以为或者强求自己全知全能了。

希望本书作为一本儿童心理科普手册，能帮家长更好地了解孩子心理、行为的一般问题，从而找出解决问题的方法，使孩子更加健康地成长。

目录

Part 1

了解儿童行为背后的心理

恋物行为：到哪儿都抱着玩具小熊 / 3

强迫行为：必须把牙刷放在牙杯里 / 7

拖延行为：干什么事都磨磨蹭蹭 / 12

注意力不集中：玩玩这个，弄弄那个 / 18

爱哭闹：动不动就哭 / 21

“偷拿”问题：把别人的东西带回家 / 25

不遵守纪律：上课说话，下课打闹 / 32

进食障碍：厌食和贪食 / 35

白日梦过度：精神恍恍惚惚 / 38

入睡困难：怎么哄都不睡 / 44

厌学：不想去上学 / 52

Part 2

了解儿童情绪背后的心理

情绪的来源与形成 / 65

恐惧：看见什么都害怕，胆子特别小 / 68

分离焦虑：不允许妈妈离开 / 70

情绪冲动：愿望必须达成，达不到就又哭又闹 / 75

易激惹：容易发火，脾气暴躁 / 78

冷漠：对什么事情都漠不关心 / 81

生闷气：总是不高兴，却从不说为什么 / 85

焦虑：为一些小概率的事情过分担心 / 91

抑郁：走进自己的情绪出不来 / 93

Part 3

了解儿童人际关系背后的心理

孤僻：朋友少，不合群 / 97

缠人：妈妈做什么都跟在后面 / 100

攻击性强：爱动手打人 / 103

同龄人相处问题：与小伙伴的关系很不好 / 106

手足相处问题：老大和老二总打架 / 112

亲子关系问题：好像不能好好沟通 / 115

社交性差：在公共场合表现不得体 / 118

早恋：心不在焉，迷恋异性 / 120

Part 4

了解儿童身体问题背后的心理

抽动症与抽动秽语症：无缘无故地耸肩眨眼 / 135

遗尿症与神经性尿频：五六岁了还总尿床 / 144

微小精神创伤：把指甲啃得秃秃的 / 147

自慰行为：摩擦双腿或玩弄小鸡鸡 / 150

逃避行为：一言不合就头疼 / 153

Part 5

有先天遗传问题的孩子

自闭症（孤独症）谱系障碍：来自星星的孩子 / 157

多动症：自我控制能力匮乏的孩子 / 179

智商低：精神发育迟滞的孩子 / 188

Part 6

好孩子也可能有问题

过度自我压抑：心里难受也不会表现出来 / 199

两面派：当着老师、家长和老师、家长不在时，表现不一样 / 202

丧失“自我”：大人说什么是什么 / 204

过度自信，抗挫力差：一丁点儿的负面评价就受不了 / 207

Part 7

孩子的问题哪儿来的——父母要做孩子的“知心人”

孩子的问题父母“造” / 213

育儿之前，我们要先学会做父母 / 224

遇到处理不了的问题怎么办 / 239

Part 1

了解儿童行为背后的心理

孩子的行为表现是家长能够直接观察到的，所以也常成为家长最关心的问题。大多数的家长向我提问，都是在描述孩子的行为表现。行为表现只是“症状”，病因到底是什么，还需要好好考察，而不能只想着把问题行为矫正过来就好了。

与躯体化障碍不同，行为问题不会引着家长带孩子去看躯体疾病而忽略了心理问题。它们明明白白地告诉家长，孩子有问题了。因为行为问题的可监测、可控制，很多家长容易只想着消除行为偏差，却忽略了造成这些行为偏差的更广泛、更深层的原因。不当行为要矫正，引发不当行为的原因更要根治。这不是说要把孩子当犯罪嫌疑人一样去追查，而是看孩子的动机、需求和缺乏的能力，目的是孩子的健康成长。

与行为一起发生的，一定还有情绪。对情绪的感受、辩识和分析、引导、接纳、矫正就更难了。一般家长都需要一定的培训才能较好地处理、应对孩子的情绪，否则会无意识地被孩子的情绪激起自己的情绪，再被自己的情绪驱动去应对孩子，结果造成误解和互相伤害。

恋物行为

到哪儿都抱着玩具小熊

经常有家长问，孩子总是抱着固定的玩具或物品，是恋物吗？

这种行为常见于年龄较小的孩子，有的是睡觉时，有的则是在任何时候，都要有个固定的物品随身陪伴。这个物品不限于玩具，有时还有毛巾、妈妈的睡衣等。其实，很多孩子都会在一段时间内非常喜欢某个玩具，走哪儿都带着。那么，到什么程度才能被定义为异常行为，需要家长注意呢？

孩子抱着玩具时，是开心地游戏，还是为了缓解不开心、紧张、恐惧而抓住的依恋物？如果是前者，孩子会放松地对待这个玩具，注意力在外界；如果是后者，孩子一般是紧抓着或抱着玩具，很少当着人摆弄玩具或与玩具对话、游戏，孩子的表情和动作都比较僵化、抑制、紧张。

如果暂时找不到玩具了，正常的孩子会好奇地寻找；异常的孩子则会非常焦虑，甚至哭闹，找回玩具后也不会释然，一般要抱住玩具沉默一阵子。

正常的孩子抱持着玩具时别人可以碰，他还会主动将玩具介绍给别人；异常的孩子对玩具有些讳莫如深，不愿别人提起（即便是妈妈），更不愿、不许别人碰。别人提起他的玩具时，孩子会羞怯或紧张，会下意识地抱紧或掩藏玩具。正常的孩子抱的是具体的玩具，有具体的功能；异常的孩子有时会拿较怪的、无意义的东西，如妈妈的睡衣或手绢、用过的枕巾、围嘴等一些柔软触感的、与以前的生活经历相关的东西。正常的孩子不专一，一个玩具抱几天，又换另一个；异常的孩子非常专一，即便玩具脏了、有损坏也不放弃，有的孩子甚至不让妈妈清洗、修补。有些异常的孩子还有多于一个的依恋物，“任务”分配会非常刻板，如睡觉时是小熊，去幼儿园带枕巾，但一般不会超过3个，功能非常固定。

如果家长怀疑自己的孩子恋物，该怎么应对呢？下面是一些建议：

1.不能斥责或笑话孩子，更不能强行抢走孩子的玩具

有的家长认为孩子恋物的行为是娇气、胆小的表现，是毛病，有时会说“你怎么这么胆小”“男子汉，没出息”“这么大了还老抱着玩具，羞羞”，等等。更有的家长要把孩子的毛病给“扳”过来，强制孩子放弃玩具。

孩子抱持玩具，显示出孩子内心已经非常焦虑或紧张，只能依靠这个玩具来缓解。夺走玩具就像夺走有腿疾的人的拐杖。斥责和嘲笑只会增加孩子的自卑和愧疚，并破坏孩子对家长的信任与喜欢，所以家长绝对不能硬来。

2.不要纵容恋物行为

有的孩子的恋物行为甚至一开始就是家长给养成的。常见的情形是分床或分房睡的时候，孩子不肯，家长就给孩子一个玩具，告诉孩子“它会

保护你、陪伴你”。也有的家长看到孩子恋物，反而松了一口气，“可算不缠着我了，他学会独立了”。学会自我安慰和利用外物来安抚自己是两回事。前者是自信和乐观，不困惑、不忧惧；后者则恰恰相反。

有的家长会说，西方发达国家，比如美国，很多孩子都有一个玩具伙伴，常常是个泰迪熊，他们不是都挺好的嘛！首先，玩具伙伴和恋物是两回事。其次，这些孩子内心也许是孤绝与恐惧的，只是外人看不出来而已。再次，欧美的电影等艺术作品里，恋物的孩子也多被描述为孤独、怪癖的。最后，不是外国的就一切都好，要看其长期效果。例如，20年前在美国流行的“静坐惩罚”，今天被定为冷暴力；流行过的孩子哭不要抱，现在加上了很多前提条件和要求；流行过的1岁就让孩子分房单独睡觉，早已被摒弃。我国现在很多微博、微信公众号甚至育儿书中推崇的外国育儿方法，有些已经过时了。

3.帮助孩子拓展所恋物品的角色和功能

一个4岁的男孩走哪儿都要抱着小狮子，因为小狮子是兽中之王，可以吃掉坏人和大灰狼。妈妈可以先肯定孩子的这个想法：“没错！小狮子最棒了！”“小狮子为什么这么棒呢？”再通过这个问题引导孩子认识到，锻炼身体，增强勇气、自信（用孩子的语言，而不是用抽象的名词）就可以让自己不害怕了。再通过“你能帮小狮子什么呢”这个问题，引导孩子由被保护的弱者变成跟小狮子平等的、互相帮助的小伙伴，借此建立孩子的自信与价值感。“小狮子累了，它想洗个澡，想回家看看它妈妈了。”最后，在前面步骤有成效后再跟孩子这样说。这样分步做的目的是让孩子能逐渐把玩具视为跟他一样的、普通的、平等的伙伴，而不是抽象的、有魔力的拯救者或安全象征。另外，家长之后还可以跟孩子说："小狮子带来了一个新朋友，这是小羊咩咩。"让孩子进一步放松心态，扩大想象空间，多增加快乐、友谊、安全的内容。

有的家长也知道孩子恋物可能是缺乏安全感造成的，因此会花时间陪孩子。陪孩子的时候不要呆呆陪着，否则会强化孩子的不安。"如果一切都很好，你干吗要陪呢？"有的孩子可能不恋物了，改恋妈妈了，处处事事都要妈妈陪，反而更不好了。陪孩子的时间不要白过，跟孩子一起编故事，照着前面讲的步骤来，才会逐渐帮孩子放弃恋物，建立自信，解除困惑之源，变得强大。

4.让孩子不再恋物最有效的做法

要想消除孩子的紧张、焦虑、困惑之源，直接治本，需要家长能够真的做到理智、客观、敏感，能反躬自问，能真正了解孩子，不用孩子说（孩子也说不明白），不被孩子的外在表现迷惑。做到这些是很不容易的，而且家长能做到这些，孩子也不至于恋物了。家长可以先尝试及时寻求专业帮助。我们的儿童心理治疗，常常更多的是在为家长做咨询或者做家庭治疗。这些治疗通过家长的自我发现、自我提升和养育方式、养育态度的调整变化，消除令孩子产生异常行为的紧张环境或事件，进而去除孩子的异常行为。

强迫行为

必须把牙刷放在牙杯里

很多人都知道“强迫症”这个名词。常有人说：“我经常锁了门又不放心，得回去看看，甚至有时候要回去看三四回，我是不是得强迫症了？”

强迫症是神经症的一种，需要专业人士去诊断。平常我们所说的“强迫症”，其实是一些强迫行为。而有没有强迫行为，则是诊断强迫症的重要依据。对于普通人来讲，有3条可以帮你自我诊断强迫行为是否严重、是否必须去咨询专业人士：

- **时间。**强迫行为是否发生超过3个月？
- **现实性。**强迫行为是否与实际情况相符？比如，洗3遍手可能确实有必要，但洗三五十遍就脱离实际了。
- **造成的影响。**强迫行为是否影响了社会功能？例如，影响了上班、上学、参加聚会等社会活动。

孩子的家长是可以观察到孩子的强迫行为的。强迫行为大致可以分为两类：重复性行为和仪式化。重复性行为就是反复做同一件事，常见的有洗手洗几十遍，用消毒纸巾擦手机擦10分钟等；仪式化行为就是固定的、程式化的行为，如每天睡觉前必须把牙刷放在牙杯里，牙杯放在叠好的毛巾上，毛巾事先折叠三次放在桌子的固定位置上。如果没完成这个仪式，人就无法入睡。

上面描述的已经是很严重的强迫行为了。家长要注意观察孩子表现得更轻一些的、刚有迹象的行为，以便及早查明原因，防止发展到症状的地步。

轻微的强迫行为现象有：

- 特别固执地摆放某些物品，不许别人挪动地方；
- 洁癖，要求回家必须脱换外衣裤；
- 叠衣服按顺序步骤，必须叠整齐；
- 在家或出门必须走固定路线；
- 吃饭前、出门前或睡觉前必须说哪几句话或做哪几样事；等等。

发现孩子有强迫行为，不要硬“扳”孩子，不要在这些行为上较劲。曾有个13岁的男孩，要求全家回家必须脱换外裤才能进门，否则不许坐沙发。孩子的父亲认为是妈妈惯得孩子任性，非不脱，父子差点儿动手。

引起强迫行为的原因，概括说来有3类，家长可以对照排查一下，先试着从自己开始做出改变：

1.当孩子内心感觉不安、失去掌控感时，容易发生强迫行为

当我们既不知为什么，也不知可能发生什么，靠自己的努力也搞不明白，掌握不了动向和趋势，完全失控的时候，我们内心的恐慌是非常强

烈的。有的人干脆放弃一切努力，并说服自己没必要努力，没意思、没意义。这种方式最终导致抑郁状态，甚至抑郁症。

有的人则正相反，他需要找出一切可把握的东西去掌控，以获取安心、成就感，去除内心的困惑或恐慌。于是，他们就会在东西的摆放、手机干不干净、走路的路线是否固定上变得非常固执，以求获得掌控感，并由此发展成强迫行为。

2.自尊心受到伤害时，容易发生强迫行为

有个13岁的男孩，是妈妈找关系送进的某重点中学，没有正式的学籍，必须在下次考试中排全年级前100名之内，才能转为正式生，否则就要转走。据妈妈说，孩子小学时的成绩一直非常好，中考失误是因为那段时间父母吵架闹离婚，影响了孩子，否则孩子应该能考上重点中学。现在夫妻已经合好，但孩子的成绩一直没有起色。妈妈虽然心里着急，嘴上却一直跟孩子说“别紧张，无所谓，妈妈不要求你一定考前100名”。所以，在妈妈看来，她没有逼迫孩子，孩子不应该出现心理问题。

家长常常忽略孩子是有自己想法的人。无论孩子多小，都不是家长说不要紧张，他就不紧张了，说不要在意，他就不在意了。13岁的孩子本来就到了关注自我价值的时候，而此时能体现自我价值的，也就是成绩、外貌打扮、朋友多不多等寥寥几项。案例中的男孩小学时成绩好，受欢迎，小升初考试失利本来就是个打击，成绩一直上不去一定更增加他的挫折感和

恐慌。妈妈虽然说无所谓，但实际上，孩子能考到年级前100名才是目标。孩子不会因为妈妈说无所谓就真的无所谓了，反而压力更大。在这种内外交困的情况下，孩子开始要求家人注意清洁，自己的手机不能让他人碰，被人碰了就得用消毒纸巾擦10多分钟。孩子对自己的保护，对自己与众不同的凸显，就只能通过清洁行为来表现了。

3.怕不被接纳、怕被批评，由此产生强迫行为

一个9岁的女孩，父母工作忙，主要由姥姥姥爷带。姥姥管孩子比较严、比较细，注意孩子的外在表现，常常唠叨。爸爸妈妈周末大多时候能回来，跟孩子交流的内容常常是孩子的表现。孩子天生就比较谨慎、内向、敏感，长得比较瘦弱，可以看出她是个内心不放松、心事重重的孩子。

女孩一入学，因为乖巧懂事，成绩也不错，挺受老师喜欢。三年级时，父母把她转入双语学校，英语一下子跟不上，又因为小事被老师单独谈话。老师虽不是批评她，只是跟她谈是否需要什么帮助，但孩子觉得就是批评她，认为老师不喜欢她，她不够好。后来，孩子开始在叠手绢、叠毛巾、叠衣服时必须按一定顺序和形状，去学校上学前把几个她喜欢的毛绒玩具在床上摆好，说“今天不会下雨的”，然后才走。她的父母此时才发现孩子的状态不对。

以上内容可以看出，强迫行为虽然表现为简单的行为问题，但其社会心理诱因很深，也很复杂。一般家长看到孩子的强迫行为后，会特别恐

慌，担心孩子变成精神病，希望立刻把孩子的行为纠正了。也有的家长会立刻启动“不怪我，我尽力了，是孩子有毛病”的推卸责任模式。所以，家长自己的心态和责任承担一定要先加以调整，否则孩子难有起色。

如果家长发现了孩子的强迫行为，建议寻求专业人士或机构的帮助，因为大多数情况不是靠家长自己努力就能改善的。10岁以下的孩子，以家庭治疗为主，尤其以对家长的治疗为主。孩子的家庭环境，家长对待孩子的方式、对孩子是否真的了解等，一定是出了问题，而且这些问题常常是家长自己觉察不到或者解决不了的。10岁以上的孩子，既要进行家庭治疗，也要进行针对孩子的个体咨询。心理咨询需要较多的细节去帮助咨询师找到诱因，做出诊断。孩子也需要很长的时间去一点点改变。所以，家长不要心急，配合咨询师帮孩子慢慢调整。

拖延行为

干什么事都磨磨蹭蹭

磨蹭、拖拉、不能准时，现在被统一称为拖延，甚至有命名为拖延症的。

从行为的角度来看，明明能马上做的却故意磨蹭，无非出于2个原因：

- 缺乏动机，不愿意做这些事；
- 惧怕结果，害怕事情结束。

面对孩子的拖延，大多数家长首先排除了孩子“不会”，认为孩子是故意的；其次忽略了孩子的“不敢”，或对事情或事情结果的惧怕，往往认定是孩子“不愿”，如贪玩、懒。因此，家长非常恼火，认为孩子出了问题。

如果家长发现孩子拖延，建议按以下步骤去处理：

1.检查是不是自己太急了，不够耐心

我们对时间的估计有的时候是不准确的，孩子的动作也不能如我们预期得那样快。下面举两个例子，让我们来看一看家长自己的耐心和期

望值。

第一个例子发生在游泳馆淋浴室。妈妈没有游泳，所以不需要洗澡，于是在更衣室等孩子。妈妈虽然脱了羽绒服，里面穿的是厚毛衣，在更衣室的高温中感觉很热，因此就不停地催孩子快点儿洗。她的女儿9岁左右，自己在里面洗头发（扎成马尾辫的长发）、洗澡。跟她同时进去的大人只比她稍快一些出来，所以女孩的速度已经很快了，但她妈妈在外面不停地催促。穿衣服的时候，由于身体比较湿，冬天穿得又多，地方比较狭窄，孩子穿衣的速度虽不慢，但是效率不高，显得笨手笨脚，再加上妈妈在一旁唠叨，孩子越想快越出错。母女俩都是一头大汗，满面怒容。

第二个例子是关于父亲和5岁儿子的。爸爸喊儿子去跑步，儿子在门口穿鞋，一下一下地系鞋带。在我看来，孩子系得相当不错、相当快了，但他爸爸的要求是：当他喊儿子的名字时，儿子应该立刻放下手中的书，喊“到”；当他发出“穿鞋出发”的指令时，儿子应该小跑着到门前“唰唰”踢掉拖鞋，蹬上跑鞋，迅速利落地系鞋带。可这些对于5岁的孩子来说太难了。可惜爸爸没有去修正自己的理想，而是责怪儿子的动作不像个士兵。

2.先看看孩子是不是心有余而力不足

父母有时会高估了孩子的能力，因为父母不愿相信孩子的能力低。

父母总以为孩子的智力应该在中上，可是一来孩子的智力、能力发展不均衡，不一定样样精通，二来总有孩子的智力处在中等偏下。更多的时候，父母不了解孩子，因为缺少专业的训练，又缺少多子女或大家族聚居环境，父母无从做横向比较，导致用5岁的标准要求3岁的孩子。这对孩子是不公平的。另外，网络上常有关于“别人家的孩子”的事情报道，导致父母更不易了解自己的孩子，对孩子做出过高的预期。

3.调查孩子的动机

排除了前面两个“不怨孩子”的因素，我们来看看，为什么在父母要求正常、孩子能力也足够的情况下，孩子却不愿意、不想做。这涉及动机问题。有的孩子会明确地问“为什么要做”。没有问出口的孩子心里同样存留着这样的不满：“为什么呀？凭什么呀？我不喜欢！”孩子拖延的行为就是在用行动告诉家长自己的心声。

这种拖延行为可以分为两类：

- 有意识的、故意的行为；
- 潜意识的，自己也不想拖沓，但行动上却总是磨蹭。

这两类行为不仅孩子身上有，成人同样有。只不过，孩子更多的是反对父母的要求或安排，成人则更多是与环境和自己为敌。

面对孩子的反抗，家长不仅对孩子的行为不满，更恼火的是孩子的不服从行为带给自己的被冒犯感，即家长的权威受到了挑战。尤其当家长认为“我这是为了你好，你应该遵从，应该明白是非”的时候，家长会在恼火外还感到委屈，对孩子的不满就更深了。孩子由“小宝贝”变成了“小坏蛋”。

事实上，孩子年纪越小，越无法给自己设立正确的目标和计划，更不能勤奋地予以执行。孩子仰仗父母的教导，而且孩子也希望信从父母。每个孩子都期待自己的父母强大、智慧，能够帮助自己、支持自己。所以，当孩子用拖延行为来说“不”的时候，从父母的角度看，是父母应该意识到并调整自己的指导风格和提升能力的时候。

10岁以前是孩子行为由他律转为自律的时期。这段时间父母要想办法培养和促进孩子的成就动机，把“应该+必须”的事情变得有趣、有成果，让孩子“喜欢+愿意”，并提升自信。以稍显枯燥的学习为例，幼儿园时期父母要和孩子一起学，“参与+带领”；小学一年级的适应期，父母可以适当陪伴，“指导+鼓励”；二年级起，“鼓励+惩戒”要并行。

如果孩子已经超过10岁仍有拖延，父母可以先和孩子沟通。沟通不是父母讲道理，不是说服孩子，也不是逼问孩子，或让孩子宣泄。沟通的第一步是了解孩子的真实想法。前面说过，拖延行为本身就是亲子沟通不畅的标志，孩子用行为表达了他的不满或不愿。所以，要想了解孩子，父母首先要让孩子畅所欲言。

我遇到的几个有拖延问题的10岁以上的孩子是这样说的：“跟他们（父母）说没有用，说不过他们，他们有一大堆道理等着你呢。”“他们从来不听我的。不是听从，是听一听我说什么。不论我说什么，他们都说你说得不对，你不能那么想。” “无论我说什么，他们都说，我们很理解你，但是……”

这些话显示，父母要么自以为是，要么就是不懂、不愿想办法找到一个能令孩子信服的解决办法。沟通的目的就是在了解了孩子的真实想法后，父母再来看自己能做些什么，孩子应该承担些什么，从拖延中看到孩子的误区和能力状态，从拖延中看到双方都可以改进的空间。我们的目的不仅是消除孩子的拖延行为，而且是使孩子能够全面成长。

解决拖延行为，先要处理孩子的情绪。拖延行为中显示的情绪是不清晰、不激烈的，常常被家长忽略。事实上，孩子的不愿、不想、不敢、不喜欢等情绪是家长能感受到的。由于孩子的个性、年龄等原因，不表达不代表没有情绪。所以，当家长讲完道理，孩子懒洋洋地拉长声说“好吧”，家长不要以为真的好了，一定要追问孩子，“你听起来并不乐意，能说说原因吗”。如果家长不问，装没听见，孩子十有八九不会好好做。当孩子反复用请求、用条件、用嘟囔等形式表达不愿意时，家长也要重视起来。

有一个7岁的女孩，她天生就比较内向，性格谨慎（她妈妈说的）。因为挑食，女孩比较瘦弱，肠胃消化也不好。妈妈决定给她进行针灸治疗。孩子对此比较抗拒，出门前各种磨蹭，跟妈妈讲条件。如果遇上妈妈因事取消一次，孩子高兴得直跳。这是多么强烈的信号啊，但妈妈认准了针灸的好处，无论如何要把十次扎完。最后，针灸成了一个导火索，引发了更大的问题。

另外，沟通之前也要先处理好情绪。当孩子带着抱怨、悲观等情绪时，沟通就会由理智的探讨升级为情绪化的互相指责，根本达不到沟通的目的。

总之，要解决孩子的拖延问题，就要深入了解孩子的想法。如果是应该做的，家长要帮助孩子建立目标，找到动机，增加行为的喜悦度和成就感等。如果是超出孩子能力范围或接受范围的，家长也要学会灵活处理，降低期望或重设目标，给孩子适合的，而不是家长认为正确的。在互相信任的基础上，亲子间有通畅的沟通，才能真正解决拖延问题。

注意力不集中

玩玩这个，弄弄那个

以下内容说的是后天行为上的注意力不集中，对于先天原因造成的注意力缺陷将在后面进行详细讲解。

与拖延行为类似，当孩子做他喜欢的事情时，他不会拖延，不会注意力涣散，而是非常麻利、专心。家长可以从以下3个方面考察孩子是否真的注意力不集中。

1.孩子的年龄

注意力集中，需要大脑对某一件事能保持足够的兴奋度。当孩子年龄尚小、大脑发育还不完全时，注意力集中的时间较短。曾经有位妈妈问专家："我的宝宝1岁半，专注力不够，给她讲故事没讲几句就跑了。"不是专家也知道，1岁半的孩子本来就不该要求专注力。一般说来，孩子的年龄和能力、事情本身能引起孩子多大的兴趣、事情的难度等，决定了孩子的注意力程度。前述的例子中，不仅有年龄问题，还有兴趣问题。听故事要有足够的经验累积才能想象、联想故事的情节，1岁半的孩子离喜欢听故事、能听懂故事还有一段时间。

2.孩子的动机

与之前的拖延行为一样，事情的难度、枯燥度，孩子的能力、意愿，成就动机是父母的安排还是孩子自己的目标，等等，都要纳入考察范围。

3.环境的干扰

曾流传过这样一段名人事迹，说那个人专门去戏台下看书，锻炼自己的专注力。但这种锻炼专注力的方式并不适合孩子。在需要孩子安静、专注地做某件事时，家长应尽量去除环境噪声（如电视声音太大）、环境骚动（如周围的人活动过多）以及他人的干扰（如给孩子递水、问孩子饿不饿、写完了没有）。不过，家长也要注意避免让孩子形成这样的观念，即当他写作业或做事情时，别人都应该放弃自己的事，给他创造条件。

前面讲的都是在行为层面上去考察孩子的注意力，如有问题，可以在行为上、认识上、环境上进行调整。还有一种注意力不集中反映了孩子深刻的心理不稳定状态，要特别引起家长重视。

一个7岁半的女孩，从3岁上幼儿园起，家里的变动特别多，先是姥爷住院，妈妈去照顾姥爷，把奶奶请来接送她。后来姥爷去世了，妈妈把姥姥接来同住。接着舅舅家生小孩，姥姥去照顾舅舅家的孩子，这时奶奶身体不行了，于是表姑代替奶奶来看她。这些变故发生后，父母为了避免她担心，尽量不当着她讨论。只有当大人讨论完了，解决办法出台了，才告诉她家里将要有什么样的变化。这个孩子是很聪明的孩子，她一直问父母为什么、出什么事了，但父母一来忙，二来认为跟她说不清，就都只告诉她没事，就这么安排的。孩子只好自己不断地猜想，只要一听父母单独说话，她就一定会跑过去问怎么了。处于这种状态下，女孩怎么可能安心专注做自己的事呢？

影响孩子心理稳定度的因素还有：父母间总是争吵，闹离婚；家里老人同住，经常有摩擦；家里有保姆、司机等成员，组成太复杂，而且经常更换；等等。有的孩子对外界的变化非常敏感，会联想到自身的处境和利益。如果家长发现孩子在情绪上、精神上惶恐不安，注意力总是指向外界和他人，那么一定要找到原因，安抚孩子的内在世界，让孩子建立起“我是安全的，无论发生什么事，我都会被保护，被施以最好的安排”这样的感觉和信念，让孩子信任家长、依恃家长。这一点不但比较难做到，甚至一开始家长就很难觉察到。这是家长的盲点和多年的行为模式造成的，也是心理咨询的目的之一，即揭示家长的教养方式与来自互动的真相，增加家长的自我觉察和自我提升，从而带动孩子的心理建设走向正向且丰富起来。

爱哭闹

动不动就哭

哭闹行为一般发生在7岁以前。这时候的孩子心有不满或需要未得到满足，由于不会表达，他只能把焦躁的、冲动的、受挫的和恐慌的情绪用哭闹的形式发泄出来，以期引起家长的重视，得到满足，达成目标。这是典型的被动状态下的被动等待型的行为。虽然激烈的外在表现让人产生孩子主动闹事的错觉，但这种行为的产生与家长的养育方式有直接的联系，调整起来也应从家长的改变入手。

1.哭闹是因为不知道自己要什么，只知道自己不要什么

这类行为的形成常常是家长过度满足、包办造成的。孩子一天当中的每一分钟都被安排好了，吃什么、穿什么、玩什么，都被从营养、健康、益智等多方面考虑后给予最好的提供。家长不可谓不尽心，只是误会了孩子成长的过程。成长不是家长精雕细琢的创造过程，而是孩子自己去体会、去认识、去实现的过程。孩子没有机会去体验并辨识好坏、冷热、美丑，也就无从知道什么是自己需要的、什么是适合自己的，也就无法选择、无法设定目标去实现。而人又是有主动意识的，孩子不是石膏木头，

只会被动接受。年龄很小的时候，孩子没有机会，但他也有未分化的、不清晰的各种想法和目的。不能如意时，孩子就会产生急躁挫败等情绪，进而发展为哭闹。如果是这种情况，家长就要引导孩子用语言去表达自己想要什么、不想要什么。家长要告诉孩子："哭没有用，妈妈不明白你的意思。你尽量说出来，然后咱们好商量。"家长需要了解的是，不是自己认定好的就是孩子唯一的选择。最好的引导是，给孩子几个选项让他选。这样既满足了家长从安全等角度的考虑，也培养了孩子思考、分辨和选择的能力。随着孩子的成长，家长就可逐渐放手，由孩子自己决定。

2.哭闹是家长惯出来的

孩子只要一哭闹，就能换来家长妥协，久而久之，孩子不用拓展其他办法，只要哭闹就行了。这样的家长一般怕麻烦。另外，保姆带大的孩子更容易出现这种行为，因为大多数情况下，保姆不像妈妈那样，要考虑孩子的全面发展，她只要保证孩子别哭闹、别告状，把孩子哄高兴了就行。

孩子哭闹是信号，家长必须花心思去解这个信号，综合考虑环境因素，孩子的成长需要和现实的、眼前的需求，自己的目的和能力等种种因素，再做出决定，与孩子沟通。这样，孩子便能逐渐学会思考流程以及如何与家长沟通，而不是简单地想什么就要什么，没有就哭闹。

3.家长严厉地禁止哭闹，造成孩子更大的哭闹

与前面相反，有些家长意识到不能惯着孩子，于是孩子越哭闹，自己越严厉。但这样的家长同样只将注意力放在了哭闹行为上，却忽略了哭闹

后面的诉求。严厉禁止会令孩子产生更大的挫败感并对父母产生怨恨，要么导致更激烈的哭闹行为，要么表面压下去了，却发展出其他问题。

4.哭闹缘于孩子真的没有能力表达

请家长永远不要高估孩子的能力。让一个两三岁的孩子明明白白地表达出自己的想法，绝对是不切实际的。另外，有些孩子智力发展不均衡，也会有表达不清、不畅的情况。这就需要家长有耐心、有常识，能敏锐地捕捉到孩子的想法。

有一次朋友聚餐，吃烤鸭。我女儿当时4岁，桌上还有一个小男孩2岁。黄瓜条上来了，女儿拿了一根吃，那个男孩也伸手去够。他的妈妈嫌他闹，一定要他乖乖待着，可孩子更闹了。我给他拿了一根黄瓜条，孩子接过来立即安静了。

希望2岁的孩子说出“我看见姐姐拿了黄瓜条了，我也要一根”，是不现实的；要3岁的孩子说“你们别吵架了，我害怕，我希望大家都开心”也是不可能的。孩子越小，越只会哭闹，此时需要家长细心观察、猜测。更重要的是，家长不把自己的猜测结果当成定论，而是去验证，看孩子的反应，及时调整猜测结果。

这个验证的过程，一方面使家长增加自己对孩子的了解，另一方面也让孩子厘清了思路，学会了如何表达才能让人更好地理解自己。有的家长不看孩子是否有能力说清楚，只顾问孩子为什么，问孩子想要什么。孩子要么因被问后说不出而更急躁了，要么选择一个容易的答案，如要吃东西或要玩具，家长也就信以为真。这样的话，孩子的表达能力仍然没有得到锻炼。

总之，哭闹行为是孩子年龄较小时由于内在焦灼、不如意，而又表达不畅造成的。如果不能解决这两个问题，即内在的情况和外在的表达，孩子长大后可能不哭闹了，但是会发展出其他不当言行。因此，家长不能忽视孩子的哭闹。

“偷拿”问题

把别人的东西带回家

孩子“偷东西”先不要上升为道德品质问题。

上小学的孩子，有的会发生不告而取他人东西的情况，有时是在班级里，有时是在别人家。孩子偷拿同学或家里的东西，虽没有成年人故意犯法那么严重，但家长一定要非常重视。因为与其他行为问题相比，这个是冒犯、侵扰别人利益，引起别人痛苦的行为，如不及早干预，会引起严重的后果。

在不告诉主人的情况下把东西拿走，是偷窃。但在孩子心里，他未必理解这个行为的定义、内涵和后果。除了生理因素造成的品行障碍外，一般容易偷拿东西的孩子，可以分为以下6种情况：

1.亲子关系不畅

孩子不敢告诉家长或者告诉了家长只会被拒绝，因此就偷偷拿走家里的东西。也有的孩子根本不知道拿家里的东西要告诉家长，征得家长的同意。有这类情况的孩子年龄偏小或智力水平较低，家长要耐心解释，建立规矩。

孩子拿东西，要么满足自己，要么是被别人要求的。前者如偷糖吃、偷手机玩、偷钱等，家长一方面采取措施，如不买糖，把钱锁起来等，另一方面要检视孩子的要求是否正常，是否自己太严厉了。

一旦发现孩子拿东西，家长不要责骂孩子是小偷，更不要在道德层面给孩子贴标签，羞辱孩子。我们可以照着以下步骤来解决：

- 想办法了解孩子拿东西的目的，看孩子是否因为好奇等原因拿的。
- 针对孩子的目的去了解孩子本身的需求，如是拿出去炫耀、证明自己，还是自制力不强等。
- 跟孩子谈，强调不可以不告诉家里人而自行拿东西。家长要坚定而温和地告诉孩子，这是必须遵守的规则。
- 跟孩子讨论，有什么别的办法能达到目的，满足要求，以及如何修改、调整自己的目的与需求。
- 监督一阵子，看孩子是否有反复，是否真的能改正。

有的孩子偷拿家里的东西是被别人唆使的。我曾接待过一个小学二年级的女孩，她班上有个男孩“命令”她“明天给带200元钱来，不许告诉家长，不许告诉老师”。这个女孩内向、胆小，真的偷了她姥姥的200元钱给了那个男孩。后来，老师发现了这件事，于是告诉了家长。

孩子怕家长，有事不敢跟家长商量，不愿向家长求助，都反映出孩子与家长的关系不够信任，不够平等与尊重。遇到这种情况，除了建立规则，更重要的是改善亲子关系，使孩子遇事能够主动与家长商量。

2.故意拿家里的东西，跟家长怄气

我遇到过两个这样的案例，其中一个是父亲管得严，简单粗暴，妈妈比较怕父亲，孩子也怕。但妈妈很纵容孩子，父亲从心底里也一样溺爱。另一个是父亲不常在家，妈妈比较强势，在家说了算，姥姥和保姆都顺着孩子。这两个案例的家长都是在咨询时诉说孩子偷拿家里东西，而且越不让拿越故意拿，咨询目标是怎样改掉孩子的毛病。

那么，孩子为什么会有这样的毛病呢？这里的关键是孩子与家长的关系。我们可以看到，一方面孩子被纵容，没有建立规则意识和行为，有些任意妄为；另一方面孩子又被压制，心里不服，于是越说不许做的他越去做。这其中既有游戏的成分，也有吸引关注、显示证明自己的存在与力量的成分。小婴儿只会用哭闹表达不满，呼唤关注，大一些的孩子就可能有各种各样的方式了，偷东西只是一种表现。如果只治标而不治本，孩子可能不偷东西了，改换其他方式表达不满。

从这两个案例中我们可以清晰地看到这样一个画面：家长中的一个比较强势，全家弥漫着表面顺从、背后照样甚至捣乱的气氛。不仅孩子这样，第一家庭中的妈妈和第二家庭中的姥姥与保姆也这样。孩子偷拿东西的行为是在模仿大人当面一套、背后一套的做法，只是表现为“偷拿东西”。

要从根本上解决孩子的问题，首先是家庭建设。家庭作为一个团队、一个群体，各人的角色分工与合作、群体的规划、群成员的关系等都要建设好。父母负责任，有担当，带头遵守规则，孩子才对父母信任、模仿，才对家有归属感，继而找到自己的角色，明白自己是谁，知道自己该干什么，而不是乱来。其次，具体到父母与孩子的沟通，要求孩子做的事情要讲明为什么以及后果，并坚定执行监督和奖罚，对孩子的疑问还要及时解答。最后，这一切措施的基础是，真正爱孩子，关注孩子的成长，而不是溺爱纵容。

3.因羡慕又得不到而拿别人的东西

有的孩子羡慕同学的东西，没想到要告诉别人或者想到了而由于不敢或不会与别人讨要，怕讨要无果被拒绝，干脆就自行拿走。

这种情况在低龄孩子身上较常见：一方面，孩子不太能管理自己的欲望；另一方面，孩子社会性差，不会与人协商。先天品行障碍的孩子是真的没想到，而先天正常的孩子会没想到要与人商量，只能表明孩子的社会能力不够，责任在家长。想到了却由于种种原因不告而取，同样表明孩子在社会情况中不能做出正确的判断和选择，缺乏与人商量的沟通能力和控制自己行为的能力。

同样是羡慕同学的东西，有的孩子就会想办法交换，有的记下颜色、形状，回家让家长给买，有的孩子会直接问对方在哪儿买的，甚至请对方给代买。也有的孩子羡慕完了，能克制自己的欲望，说服自己“我也有好东西，不一定非要这个”。处理的方法有很多，而不会处理只会偷拿，说明孩子要补上社会学习这一课。这一课更多要由家长来教。

4.故意偷同学的东西让同学难受

有的孩子出于嫉妒，有的孩子出于报复，有的孩子出于矛盾纠纷等，便用拿走对方东西的方式来发泄。这种情况要以批评教育为主，教会孩子如何处理矛盾。偷东西的行为必须被批评，但不要贴“小偷”的标签。

5.用偷东西来证明自己的能力

一个10岁半、上五年级的女孩，家庭条件很好，但父亲工作很忙，母亲是全职妈妈，喜欢自己打扮好出去购物、健身、泡吧，孩子主要由保姆、家庭教师（雇了一个幼教毕业的“姐姐”陪孩子玩）带。她的玩具、学习用品、衣服、鞋、零食，几乎是想要什么就有什么，所以家长对她的偷窃行为百思不得其解。深入调查发现，孩子在班里的人缘不是很好。表面上有很多人喜欢她、围着她转，但那是她用零食、文具等维系出来的。

现在的小学里好多孩子玩一个游戏，即一方收买另一方为“宠物”，有的孩子甚至自愿要求当对方的“宠物”。“主人”要给“宠物”喂食，“宠物”则负责跟从主人，听主人的话，帮主人吵架。这个女孩的“宠物”对她却没有那么忠心，就像家里的保姆和“姐姐”对她虽然好，但不是亲生父母那样的亲密关系，“宠物”给她的也不是真正的友谊，她也不会建立和维系真正的友谊。女孩的成绩一般。在公立小学里，成绩好自然会得到老师和同学更多的喜爱和夸奖。她在这一点上感到很失落。

女孩只偷拿班里学习好的、班干部的东西。这其中既有羡慕的成分，不是羡慕对方的东西，而是羡慕对方的地位，对方的状态和对方得到的夸奖、关注、友情等；也有让对方难受的成分。但更主要的是，女孩拿了以后会给她的"宠物"看，炫耀她的胆量和能力，炫耀她敢做老师不让做的事，不怕老师，博取他们的佩服和赞叹。

这个孩子的矫治不是需要老师努力，而是需要家长努力。她还需要专业的心理辅导与支持，因为她的家庭环境和父母都不会有什么大的改变，也没有改变的动机。她的成长条件太差（这里指的不是物质条件），人格成长所需要的父母、家庭、社会的支持与关系，她几乎都没有得到。

6.过度自我控制下的反弹

一个11岁的男孩，在班里任大队长，平时表现很不错。班里发生了几次丢东西的事后，老师非常偶然地发现是他干的，特别诧异，没敢跟孩子谈，悄悄告诉了孩子的父母。孩子的父母也没敢跟孩子谈这件事，先来找我咨询。我看了孩子的照片，发现孩子比较瘦，脸上没有笑容。孩子的父母说，孩子从小就特别懂事、听话，家里条件不能算特好，但也不算差。父母都是出身农村的大学生，生活习惯比较节俭。孩子从小就没有表现过闹着非要买什么东西不可，一直是品学兼优的好孩子，不仅亲朋好友、老师夸奖，而且班里的同学也很认可他。

从家长的叙述可以推断出，这个孩子少年老成，太完美了，不像孩子。孩子天真幼稚，不知深浅，情绪冲动，管不住自己，这才是正常的。我一直强调，要让孩子把与其年龄段相符的错误都犯了，不要强压着，否则孩子长大后一有机会就会犯幼稚的错误。那么，是什么使这个孩子不犯错误呢？这不太可能是真心的、自觉的结果，更有可能是过度自我控制。看孩子的照片（几十幅）就让人感觉这个孩子紧绷着。紧绷的状态是不舒服的，人生来就有自由意志。这个孩子放松的出口，不恰当地选择了偷拿东西。

最后，我给家长的建议是，跟老师说好，不要和孩子挑明这件事。家里对孩子的要求降低一些，告诉孩子可以随意，带着孩子多做些放松的活动，多见识各种人群，而不是只盯着优秀、成功人士，给孩子自由的空间。

不遵守纪律

上课说话，下课打闹

当老师跟家长反映孩子不遵守纪律时，家长的反应大体有4种：

• 中国的教育、中国的老师就是压抑孩子的天性，束缚孩子的自由，把孩子搞得太死板了。

• 孩子被批评了，他怎么这么差呢？我该怎么教育他呀？

• 太忙，顾不过来，或者孩子的事不是事，大了就好了。

• 跟老师好好谈谈，孩子到底是什么样的表现，了解清楚了再看怎么办。

大多数家长会是第四种反应，但心里面前三种反应都有。自己从小总被批评的家长，要么是第一种的强烈反应，要么可能是自信心被摧毁了，做出第二种反应。当然，这类家长也可能被批评“皮”了，认为自己现在挺好的，产生第三种反应。家长自己从小是听话的孩子，总看见别人被批评，自己没有被批评过的，有可能产生第一种或第二种反应。杀鸡儆猴效应中，猴受的心理创伤有可能更深，要么强烈反弹，要么极度恐惧。当第一种或第二种的情绪很强烈时，会影响家长的认知和判断，不利于家长去处理事情、去面对老师和孩子。如果家长觉察自己这两种想法和情绪比较强，压不下去，那么一定要冷静，不要被偏见带着走。

当发生老师“告状”的情况时，不可避免会有特别严厉的老师，孩子表现不至于太差，但老师的标准太高了。这种情况，家长多问问其他家长，尤其是往届学生和家长的反馈，就可以判断了。也有可能是孩子不服，故意顶撞老师。这时，家长要关注的是孩子如何处理与老师的互动问题，而不是纪律问题。

如果老师反映的情况属实，孩子在学校确实有超出平均范围的不守纪律的表现，那么家长要从以下几个角度去考察：

• 排查一下孩子是否有先天问题，如多动症、智力发育障碍、自闭症等。

• 如果排除了生理原因，是孩子管不住自己，那要看孩子的年龄段。小学低年级的孩子出现纪律问题，常常是不适应学校里的规则，家里或幼儿园太过放任造成的。规则和纪律的设立是为了维护群体的共同利益，本应是社会必需的，是人类社会性的一部分。少数家长不理解学校的纪律，认为纪律是老师手中的武器，是用来打压、管制学生的。因此，他们的反应是，不得不忍着时忍着，只要有机会就会放任自己，对孩子不仅不管教，不讲规则，还会把这种认知和行为传递给孩子。孩子在学校就不会遵守纪律。

• 被纵容溺爱的孩子一旦养成任性的脾气，也会不遵守纪律。

• 由于成绩不好，孩子与同学的关系不好，或者与老师的关系不好，在学校不开心，那么有的孩子就会变得不在乎纪律，甚至故意捣乱，来获得自尊上的补偿。

• 孩子学习成绩好或某项特长突出，经常得到特殊待遇，或过于自大，也会出现不守纪律的行为，认为自己不必和别人一样。

• 中学以后的孩子为了凸显个性或发泄情绪，常常故意不遵守纪律。

导致孩子不遵守纪律的原因还有很多，限于篇幅，这里就不列举了。只是不遵守纪律背后涉及的原因有认识上的，有人际互动的，有行为的，有教养的，有社会性的……所以，当家长和老师看到了孩子的行为问题，一定要对症下药，而不仅是纠正错误行为。

进食障碍

厌食和贪食

吃饭、睡觉本是正常的生理活动，但现代社会中，“日出而作日落而息”“按时、按需饮食”等被大自然规范的活动，已被人力改变，变得随心所欲，并由此造成问题。例如，小时候挑食、要追着喂，大了以后从节食到厌食（我有过十几岁的青少年因减肥而发展成厌食症的病人），或者恰恰相反——贪食，等等。这些现象都是不正常的，反映出孩子遇到了现实中的困境或问题。

孩子不是某一天突然变得厌食或贪食的，而是积累成病。一般而言，厌食者是过度紧张和自我控制、追求结果与成就的人。

一个15岁的女孩，10岁时随父母移民加拿大。在国内她就是好学生，不仅考试成绩排名靠前，网球、芭蕾、英语、钢琴、马术、素描等才艺也样样拿得出手。到加拿大后，父母要求她上私立学校，功课最好全A，目标是美国排名前十名的大学。孩子属于比较内向的类型，很聪明也很努力，一直非常优秀。可后来，孩子突然觉得自己胖，要减肥，开始控制饮食。她身高1.63米，体重只有79斤，不仅听不进父母的话，而且仍认为自己太胖，只吃蔬菜，每顿饭都要计算摄入了多少热量。

厌食症可以说是一种特殊的强迫行为。患了厌食症的人在关于进食的认识和行为上都非常刻板、强迫控制，他们特别在意自己设定的结果和他人的评价。

一般贪食症患者与下文提到的有白日梦行为的人类似，他们用吃东西来躲避问题，用吃来满足或转移自己的注意力，造成“没问题，一切都好”的假象。有个别贪食者会在大量进食后想办法吐出去，以免造成体重超标。

厌食和贪食的情况如果发生在13岁以后，是比较难治疗的心理障碍。家长能做的，一是及早发现孩子的厌食或贪食倾向，尽早提醒孩子和自己注意；二是了解相关知识，找对地方诊治。我遇到过好几个案例，孩子已经有半年以上的厌食、贪食行为了，家长却一直在用中医的方法治孩子的脾胃。

家长能够有效干预的，是10岁以前孩子的饮食习惯问题。

很多孩子小时候都有挑食或不吃饭、家长追着喂的问题，这大部分源于家长的教养方式。孩子饮食习惯的养成要注意以下几个方面：

- 吃饭定时、定地方。即便孩子小，吃的东西与大人不一样，也尽量在同样的时间坐在饭桌旁一起吃，养成习惯。
- 孩子从6个月开始添加辅食，1岁以后要逐渐正常饮食，2岁以后基本不用单独做饭。有的家庭惯着孩子，都三四岁了，还让孩子点菜，保姆给单做、单吃。这个不仅是饮食习惯问题，还会养成孩子自我中心的想法。

• 零食或三餐外的辅食要符合营养需求，而不是哄孩子不闹的手段。

• 有的孩子不喜欢个别食物的味觉或口感，但对某一类食物的偏食是不被允许的。很多小孩会用挑食宣示自己的主权和力量，证明自己说了算。家长可以注意在其他事情上培养孩子的主观意识、掌控感和实现意愿的自豪感与成就感，但挑食不可以。

• 有的妈妈平时比较忙，孩子只有在餐桌前才有时间向妈妈撒娇，让妈妈喂。这是为了获得妈妈照顾自己、满足自己的感觉。妈妈要增加和孩子在一起的时间，提升亲子关系的质量。

• 有的孩子到吃饭时还不愿终止玩耍，不遵守用餐时间，家长就追着喂，时间长了，都快成每天必玩的“游戏”了。家长可以尝试“不吃不等”，让孩子饿一次。很多家长自己不能建立威信，尤其是老辈人。这不仅纵容了孩子，也造成孩子对家长的支持和引导的需要被剥夺。真遇到困难时，孩子不知可以信赖谁，向谁求助。

• 家长要营造温暖快乐的“餐桌文化和氛围”，让吃饭变成视觉、味觉、情感关系等全方位的家庭幸福时光，让孩子愿意、喜欢参与。

• 吃饭就是吃饭，家长不必把吃饭这件事搞得过于严重、刻板或拘泥于营养等细节。如果连孩子吃饭都搞不定（排除孩子有先天的痴呆、多动、自闭或某些食物不耐受等生理原因），说明家长自己在育儿方法与认识，在处理自己的生活等方面，都有可提升的空间。

白日梦过度

精神恍恍惚惚

人有很强的想象能力，不仅在想象中能把故事编圆，而且想象出来的情况会和现实发生的一样令我们的情绪发生变化，进而影响到我们的内在感受。例如，当我们想象自己中了彩票，我们会真的感到振奋和轻松愉快；当我们在想象中与人争执，会真的感到生气恼怒，心悸、胃痛等身体反应也会随之出现。

当外界出现让人不舒服的情况时，很多人会运用想象力去应对，白日梦就是常见的一种形式。有的孩子做白日梦时会伴随一些行为，如啃指甲，而有的不会，但能从眼神看出他已经进入想象的世界了。

做白日梦的孩子注意力肯定不会集中。但与前述的注意力不集中的行为不一样的是，一般所言的注意力不集中的孩子，他们的注意力是外向的，停留在不同的事情上；而做白日梦的孩子注意力是内向的，专注于自己的想象。

无论是内向的还是外向的孩子，都会做白日梦。但是，白日梦过度的孩子大多是先天气质类型就比较安静、内向和抑制的，他们的处境是令他们感到不舒服、不如意、不安全的，而他们又无能为力。很多时候，刺激源与孩子并不直接相关，如父母双方争吵，但父母对孩子都不错，而且父母都尽力在他面前假装没矛盾。可孩子仍能明显感到气氛的冷淡和大人的不开心，却又不知道该怎样去解决自己的困惑。

有个孩子的姥姥生病住院了，数月后去世。家里人认为此事不能告诉孩子，怕他伤心、害怕。每当孩子问起，他们就编故事说姥姥去国外看病了。大人却低估了孩子的觉察力。他们假装的表情实在不能令孩子信服，但孩子也明白继续追问没结果，只好靠猜测解答自己的困惑，靠编内容去满足自己的思念和期盼。

白日梦过度的孩子，与父母的关系有2种：

1.不够亲密，但也并不激烈

如果父母对孩子很严苛，言辞比较激烈，会激起孩子更强烈的情绪，并导致孩子更激烈的反应——或者是躯体上的，或者是行为上的。如果孩子和父母足够亲密和信任，孩子自然会向父母提问以解除困惑。有经验的妈妈一定都记得孩子在某个阶段会变成“十万个为什么”。此时的孩子什么都问，父母回答的是否正确没关系，因为孩子本身也不求甚解，他就是随时随地都好奇，都想得到个解释。这个阶段，父母如果不在孩子身边，或者心思不能尽快转到孩子的问题上，或者孩子数次尝试后仍得不到解答，就会感觉到父母不愿或不能给予解答，那么孩子就只能转向自我满足。

2.父母对孩子实施暴力

无论是言语、身体上的暴力，还是冷暴力，都会令孩子选择退缩到幻想世界中。在那里，他可以给自己设置新的身份或给父母编造理由，让自己还能忍受这个严苛的环境。

我有一个16岁的女病人，来自农村。她的父亲脾气暴躁，经常喝醉酒打她的妈妈，后来也打她和她哥哥。她家在村里没有什么亲戚可以走动，由于父亲人缘不好，母亲软弱内向，邻居都不怎么来往。她哥哥还可以跑出去躲，她要是跑出去了，一是没处可去，二是回来后父亲会再打一顿。她能做的就是躲到角落里，可也不敢大声哭。直到有一天，她爸爸打她时，她哈哈大笑，跟爸爸说："您这是假的。我知道您心里最疼我、最爱我，您怕哥哥不高兴，故意打我。"下一次，她又说："您别打了，您知道我其实是××（国家领导人）的女儿，您心里生气。您要是不打我了，我可以告诉我亲爸爸，让他给您钱，让您去北京当官。您要是还打我，过两天我爸爸来接我，我要告状。"如是几个月后，她家里人才意识到她可能疯了。这个女孩后来被诊断为精神分裂症。白日梦过度的可能后果之一，就是逐渐分不清想象和现实，把想象当成现实。

家长常常会忽略做白日梦的孩子，认为他很乖。很多家长常常认为只要不哭闹、不来打扰家长就是好孩子。希望家长能多观察安静状态下的孩子，看他是在忙着什么事，还是在遐想。孩子需要正常的遐想时间来消化、回忆、重组信息，但过度白日梦是不好的。

家长要能够建立并维持和孩子的亲密关系，成为孩子的安全港湾。当孩子遇到困惑或失败时，让他第一个想到家人、依靠家人。可是，很多家长本身缺乏耐心细致地给予爱的能力，不是他们内心没有爱，而是无法把这份爱传递给孩子，让孩子感受到。这样的父母往往是自己小时候就没有得到过体贴细腻的关心，就像贫穷的人拿不出钱财来施舍一样，没有感受过、储存过爱的人，不会、不能给予甚至不知道孩子需要的关系和情感。

给白日梦过度的孩子做心理咨询很不容易。孩子不认为自己有问题。就是为了否认和逃避问题他才躲入白日梦的，而白日梦让他感觉一切都挺好，所以他很少会主动求助，也说不出有什么不好，有什么需要改变的。咨询师要花时间才能取得孩子的信任，还要花更长的时间，孩子才能够正视和勇于解决问题。所以，这种类型的咨询更多时候是为家长提供帮助，调整家长与孩子的关系与沟通模式，或者用家庭咨询的方式，把矛盾暴露于咨询师面前，让家中每一个人都无法躲避或掩饰，共同努力把问题解决。

这里要强调一下，白日梦甚至过度白日梦并不一定会导致精神分裂或人格分裂。一些演员都曾提到童年时无人理、自己做白日梦的情况，但这反而对他们后来的演艺生涯有帮助。另外，诗人、作家等工作就是要调用丰富的想象力。所以，家长应注意的是，白日梦的起因和引起的孩子状态的变化。有不好的倾向，如影响了孩子的社会功能，则必须重视起来，必要的话还要做心理咨询。

一个13岁的男孩，他妈妈带他来找我咨询，因为他不去上学了，就只想在家待着。据他妈妈说，他成绩还好，和同学、老师的关系也还好，既没有网瘾，也没有早恋。他爸爸做生意比较忙，但是他的生日、节假日都会尽量全家一起过或给他买礼物。妈妈全职在家，家务比较多。妈妈爱干净，信不过保姆，虽然经济条件很好，但她不愿意雇人，一切都是自己干。他妈妈描述的是一个非常安稳、正常的家庭，孩子也一切都好、一切正常，就是不爱说话，老坐在屋里发呆，现在不愿意去上学了。他们带孩子看过中医，查过脑功能，也咨询过教育专家，带孩子听过成功学大师的课，孩子都跟着去，但都没有查出什么，也没有任何效果。

我的做法是请一家三口都来咨询室。孩子基本上说不出什么来，一切都是“还行”，学校就是“不愿意去了”，没发生什么。父母的口径也很一致。我的入手点是了解清楚家庭的气氛和三个人的关系，就像了解一棵植物生存的土壤、肥、水、天气一样，问他们周末干什么，父亲几点回家，孩子更喜欢谁，每个人都说出另外两个人身上的“缺点”，等等。从他们的回答中，我再找出漏洞或不一致的地方继续追问。

对话基本上在我和父母之间进行，孩子大多数时间是旁听。我的问题大多都是孩子真正的困惑，想问又抓不住或问不出的问题。例如，妈妈为什么要花那么多时间做家务？爸爸隐瞒了什么？妈妈怀疑和不满的是什么？父母对孩子的前途有什么想法和打算吗？等等。随着问题的深入，父母试图瞒着孩子或自己也搞不定的事情逐渐显露出来：妈妈一直怀疑爸爸外面有情人，甚至有孩子，但不知道该怎么办；爸爸曾经对儿子抱有怀疑，因为孩子的长相和性格都不像他。对这些平静表面下涌动的暗流，孩子其实一直都有所察觉，但父母一直联合起来告诉他没事、没问题。

在咨询室里，孩子旁听到他一直想了解的真相，也学会了如何向父母提问，并对父母担心的一些问题给出了自己的意见。通过咨询，他们破除了不少相互间的误解，建立了新的沟通方式，敢于面对冲突而不是试图掩饰。孩子对自己和自己的世界有了新的认识，设定了自己的目标，回到了学校，变得积极主动了。

入睡困难

怎么哄都不睡

一般10岁以上的孩子如果入睡困难，基本上他们自己都说得清楚原因，至少能够知道睡不着是因为在想什么。而10岁以下的孩子则大多无法自己说清楚。孩子年龄越小就越只会找借口，如怕黑、要喝水、要尿尿、外面吵等，家长也信以为真。

孩子偶尔睡不着可能是玩得太兴奋了，或者错过入睡时机，身体不舒服等。经常睡不着则一定有深刻的原因。孩子的吃饭、睡觉等作息有规律，表明孩子与他的世界之间是和谐的、信任的、稳定的。否则，家长可以试试从以下几个方面观察、改进：

• 排除身体原因，如孩子太冷、太热、渴了、饿了、累了，或者有肚子疼等小毛病，白天玩的时候感觉不那么强，晚上静下来感觉到了，等等。

• 6岁以下的孩子基本上还是需要大人陪伴入睡的。睡前从洗漱、换睡衣开始，就进入要睡觉的节奏。最好每天都在固定时间做睡前准备，如读个睡前故事或聊聊天、听听音乐，然后过渡到关灯，停止一切活动，在安详静谧的气氛中，期待着美好的明天，踏实地入睡。这需要父母，尤其是母亲，放弃很多自己的晚间活动，陪伴孩子入睡。有的家长认为要培养孩子的自理能力，所以给孩子放音频故事或者音乐，让孩子自己睡觉。有些孩子可以做到，有些则不一定能这么独立。不能用统一的标准或别人家的孩子如何来要求自己的孩子。

• 有的家长下班回家晚，到家晚上7点，吃饭收拾完8点多了，很内疚自己没有陪孩子，就陪着孩子玩，一直到10点。这就太晚了，孩子最好能在8点或9点以前睡觉，早上6点半或7点起床。3岁以前的孩子如果准备上幼儿园，最好提前调整作息时间，早睡早起，午睡不要变成“下午睡”，以免耽误晚上睡觉。家长平时再忙，也不要占用孩子的睡觉时间与孩子玩，与孩子在一起的质量比数量重要。陪孩子一起安然入睡，能建立起孩子对家人的亲密、信任、喜欢、安全的关系。

• 让孩子惴惴不安、难以入睡的紧张情绪，常常来自家庭气氛中的不安因素，如父母不和，老人与父母不和等。让孩子别管大人的事，告诉他“爸爸妈妈是爱你的”，并让孩子自己去睡。但这些口头的承诺并不能让孩子释怀，安心地去睡觉。

• 10岁以上的孩子如果仍有入睡困难问题，如有的孩子必须听着手机里的歌曲入睡，有的要读书读困了才睡等，家长就要扩展视角，不要只盯着孩子的睡眠问题，唠叨要早睡早起或者要保证睡眠时间什么的。这样的孩子一定同时还有本书中列出的各类行为、情绪、人际关系等问题。家长如果能帮助孩子找到并解决那些问题当然最好，如果能看到问题但自己解决不了，也可以寻求专业人士帮助。

下面针对2岁以下孩子的睡眠问题，提醒大家一些常见的误区：

1.白噪声哄睡

首先要明确一点，雨声、海浪声、瀑布声等声音不是白噪声，而是粉红噪声。有研究表明，粉红噪声对成年人的睡眠有好处，但不是对所有成年人有效。很多成年人认为这些声音是干扰。

白噪声是在各个频段都一样的波动，它听起来是单一的、重复的，例如警车的报警声常常用白噪声。现在，市面上还有专门的白噪声播放器在售卖。事实上，它们更应该被称作“声掩蔽”设备，因为其目的是通过播放这些声音掩盖住环境中嘈杂的声音。

白噪声播放可以提升噪声大的工作环境中，成年工人的心情和工作表现，但是却降低了他们的复杂认知功能，例如需要分拣出次品的工作会受到影响，出错率升高。[1]

在国外，有研究发现，白噪声的播放可以提高患有注意力缺陷多动障碍的中学生的认知功能，但是对正常学生的整体表现是负面影响。[2]

这是白噪声对成人和中学生的影响。

婴幼儿的身体心理状态和成人的有巨大差别。婴幼儿大脑正在发育中，所有的噪声对他们来说都是干扰。因为正在发育中的婴幼儿的听觉皮层，对听到的声音频率处于一种关注和分辨阶段。尤其是3个月以下的婴

1 Baker, Mary Anne; Dennis H. Holding (July 1993). “The effects of noise and speech on cognitive task performance.” .Journal of General Psychology.

2 Söderlund, Göran; Sverker Sikström; Andrew Smart (2007). “Listen to the noise: Noise is beneficial for cognitive performance in ADHD.” .Journal of Child Psychology and Psychiatry以及Soderlund, Goran; Sverker Sikstrom; Jan Loftesnes; Edmund Sonuga Barke (2010). “The effects of background white noise on memory performance in inattentive school children” .Behavioral and Brain Functions.

儿，一定要避免过于嘈杂的环境声，尤其是白噪声。

有研究发现，很多自闭症儿童都有早期听觉受干扰或受损的情况发生。一些科学家发现，自闭症发病率与环境中的白噪声多少相关度很高。[1]

孩子在2~3个月的时候，会转头去看发出声音的东西，这说明孩子在把听到的声音和看到的图像联系起来。听觉—视觉协调是为了更好地认识和了解这个声音。

然后，环境中的声音才能逐渐对孩子产生意义，他能知道这是妈妈的声音，这是风铃的声音，这是风扇的声音，等等。

如果环境中的声音太少，不利于孩子的认知发展。如果环境中的声音太嘈杂，同样会损害孩子大脑认知的发展，他对声音的定位、对声音的联系和理解等能力都会产生不可逆的损害。

此处特别强调，安静的环境是婴幼儿睡眠的外在条件之一。不要人为制造各种声音辅助婴幼儿睡眠，即便在清醒条件下，婴幼儿的生活环境也请尽量隔绝噪声。

如果6个月以下的婴儿有持续的睡眠问题，建议去儿童医院的神经内科做一下检查，排查一下大脑和神经系统的发育是否有问题。

2 .拍一拍、摇一摇或奶睡

这些利用外界或外物来哄睡的方法，都是在破坏婴儿的自主入睡。无论当时的效果有多好，都容易形成孩子对外界某种手段或方式的依赖，长

1 J.L.R.Rubenstein and M.M.Merzenich.2003.Model of Autism:Increased ratio of excitation/inhibition in key neural systems. Genes, Brain and Behavior, 2:255–67.

期来看会对孩子的睡眠产生不良影响。

3.给孩子毛巾、玩具、妈妈的衣服等让孩子抚摸、闻味睡眠

本书相关内容也提及，给孩子毛巾等物品，让孩子伴随着这些物品入睡，小心孩子最终形成“恋物”。孩子自己摸索出来的一些自我安慰方法中可能会有搂着玩具或抚摸毛巾、妈妈的衣服等方法，这时家长要观察孩子的情绪表现，看孩子是否是“恋物”，还是其他原因造成的。因此，为了哄睡，家长切不可利用外物让孩子自我安慰。

那么，家长该如何训练孩子自主入睡呢?

孩子饿了要吃饭、渴了要喝水、冷了要加衣服、有尿要去厕所，这些自然习惯的养成，妈妈不用教，孩子自然而然就会发出这些需求。

可是，孩子如果困了让他自然去睡觉，对于妈妈来说，反倒成了一件大难事。很多妈妈都会注重培养孩子良好生活习惯的养成，可是却忽略了孩子自主入睡习惯的养成。

新生儿是能够做到困了就睡的，但是越长大孩子越容易被外界刺激干扰，甚至有的时候越困越兴奋，睡不着。这需要妈妈有意识地哄孩子睡觉，而不是硬想办法，让孩子睡。

妈妈要顺应孩子的节奏，当你观察到孩子困倦以后，要用一些办法让孩子能够自主地感受到困倦，并且有困倦以后，就能够自主入睡，而不是用外力让孩子入睡。

孩子建立起困了就要睡觉这种习惯，对他今后分床睡、分房睡，以后遇到了事情怎么样正向地自我安慰等心理活动，都有着影响。

有些孩子很大了，甚至上小学了，都不能自主入睡，非得要妈妈陪，要妈妈哄，就是因为妈妈没有从孩子0岁开始，注意培养他自主入睡的习惯。

如果家长想训练孩子自主入睡或者独立睡眠，要从他三四个月大就开始着手进行。具体的训练方法是：

1.日落而息

家长要强调日夜的不同，使孩子建立起白天活动、夜晚睡眠的习惯和节奏。例如，白天的时候活动多，比较热闹一点儿，而夜晚要减少噪声和活动，让房间变暗，尤其是睡觉的时候，必须保持房间内的安静并使其光线变暗。

另外，白天当孩子午休或者中间有睡眠的时候，家长也要注意把房间变暗、变安静。这样能够让孩子意识到睡眠环境是暗的、是静的，建立起环境和睡眠之间的暗示和条件反射。

孩子夜间醒来的时候，要尽快安抚，这需要妈妈辛苦一些。不要等孩子哭得完全清醒了再来安慰，否则睡眠就会被打断，孩子不能持续睡眠。

2.睡觉的地点在床上

在孩子半睡半醒的时候，家长就要将他放在床上，而不是一直抱着睡或摇着睡，也不要一直抱着走来走去，更不要让孩子喝奶喝到迷糊后入睡。

这样做，孩子就能逐渐习惯躺在床上入睡，而不是被妈妈搂着、抱着、哄着入睡。否则，孩子就会养成依赖家长入睡的习惯，而不是自主入睡的习惯。

值得注意的是，如果婴儿特别容易在睡眠中突然地一惊，手脚一抖，然后就给惊醒，那么尝试用毯子、毛巾被或者被单把婴儿裹紧，包一个蜡烛包，也许可以缓解这种情况。

白天孩子醒着的时候，给孩子裹得紧紧的固然不好，但是孩子入睡给他包裹得稍微紧一些是可以的，这样能够避免孩子由于神经反应一惊就惊醒的情况发生。孩子伸出去的胳膊、蹬出去的腿被裹住了，动作没有那么大，姿势没有变化，就不容易惊醒，能帮助孩子睡长觉，不被惊醒。

3.建立睡眠节奏

从早上醒来开始，家长可以尝试为孩子建立起醒来、吃奶、玩会儿、小睡一会儿、玩会儿、吃奶、换尿布、睡个长觉的节奏。

百分之六七十的婴儿到6个月以后，就开始能够在晚上睡6~8小时的长觉了。如果孩子到了6个月，晚上还睡不到8小时甚至6小时，中间还是会不断地惊醒，那么妈妈就要重复做一些事情，渐渐地为孩子建立起节奏。例如，妈妈有意叫孩子注意白天、晚上的不同，哄孩子睡觉的时候，让他在床上入睡等。这些办法要重复使用，这样才能培养孩子晚上睡长觉。

连续长久的睡眠，对婴儿的大脑发育、对神经系统的发育是有好处的。自主入睡意味着通过这个习惯，孩子逐渐建立起一个连接：感知到自己的困倦，明白应该睡觉了，这时不能再有外界的打扰，我要舒舒服服地开始睡。这个连接建立起来以后，孩子就能够自主、独立地困了就睡了。

4.温暖的睡眠仪式

家长可以先带着孩子清洁，刷了牙、洗好脸、洗好脚，安静下来后，再给孩子讲个故事、唱个歌，最后关了灯，静静地睡觉。

像这种睡前仪式，可以帮助孩子从玩乐过渡到安静，然后再过渡到睡意蒙眬。妈妈如果在边上陪伴孩子，可以轻轻地说一些无关紧要的话，或者妈妈刻意调整成有节奏的呼吸，不要再搭理孩子的话。孩子在妈妈有节奏的呼吸和那种睡意蒙眬的影响下，逐渐地睡着了。

习惯养成不是一两天的事，妈妈要有耐心，尤其是那些喜欢晚上看看电视、看看书，做自己事情的妈妈，必须做一些牺牲。妈妈要做好榜样，逐渐地等孩子知道该睡觉了，能够自己安慰自己，建立了自主入睡的习惯，妈妈的任务才算完成。

厌 学

不想去上学

应该上学的孩子有一天告诉家长不想去上学了，家长一定会非常恐慌。不去上学这个问题分析起来倒不复杂，主要看两个方面：

- 学校方面有什么问题；
- 孩子自身出了什么问题。

上学是儿童最重要的社会功能，厌学无疑是丧失社会功能的标志，确实严重。

首先是环境问题。这个比较简单，主要是老师、同学、学校和学习。我遇到过的孩子不去上学的原因有，老师严厉（7岁），不适应老师的教学方式（11岁），被同学排挤（8岁、13岁），被同学欺负（12岁），转学不适应（8岁），私立幼儿园毕业上公立小学不适应（6岁），寄宿制学校不适应（6岁），学习内容太难、跟不上（9岁、11岁），校队活动太多、作业来不及写（8岁、9岁），等等。

一般来说，小学的孩子厌学，主要是环境挑战太大，孩子应付不来。家长要做的是多侧面了解环境和孩子，评估环境压力，帮助孩子对环境产生再认识，或者帮助孩子缓解部分压力 ，增强孩子的能力以应对环境压力。如果短时间内环境无法有大的改善，孩子能力也不能快速提升，那么可以考虑换环境。

一个8岁的女孩，二年级下学期从深圳转学到北京。她每天早上都说不喜欢新学校，不想去上学。妈妈很想帮助她，却不知道该怎么帮，于是来找我咨询。

大人可以尝试站在孩子的角度看一看，孩子处在什么样的环境，面对着什么。这个案例中，孩子的家和学校都是陌生的，老师、同学不熟悉，校园里的设置与以前不一样，用的课本不一样。孩子原来是班干部，现在什么都不是，自信心也挺受挫。孩子一下子要应付如此多的困难，像被淹没了一样，恐慌之余，也想不出解决的办法。此时，家长可以帮孩子把“适应新学校”这个大目标分解一下：先了解老师；妈妈再帮孩子去解决课本不同造成的差异怎么办；然后引导孩子从身边的同学开始认识，不着急与同学玩成一片，先知道他们的姓名、性格等；接着引导孩子观察和比较学校的环境，如操场、音乐教室、老师办公室与教室等与原来学校的异同；最后引导孩子主动参与学校、班级的活动，展示出自己的特长，争取下学期完成融入新学校的计划，竞选班干部。当妈妈能给孩子描画出新环境的内容，制订一步步的融入计划和短期、长期目标，孩子就不会那么焦虑、恐慌了，能够踏实地完成好每天的学习和适应任务。很快，案例中的孩子就有了进步，由原来的拒绝退缩的行为变成喜欢去学校了。

二年级开学时，孩子喜欢的数学老师调换了。孩子不喜欢新老师，又恰巧被新老师批评了两次，于是孩子越来越不喜欢数学。根据孩子的描述，妈妈认为新数学老师是个年龄大的、老派的、总爱批评人的老师。别的家长也反映这个老师比较严厉。

孩子的妈妈来咨询时，我建议她先亲自接触一下数学老师，听一听老师是如何看孩子的。交流时，妈妈不要用问罪的态度，不带偏见地去跟老师交流。 妈妈后来说，这个老师年纪比一年级的数学老师大，长得不漂亮，性格较慢，但称不上严厉，应该是孩子有偏见。我建议妈妈不妨告诉数学老师，孩子怕她，可能是因为前两次的批评；跟老师商量一下，能否表扬孩子两次，鼓励她一下。小孩子是非常在乎老师的态度的。果然，数学老师并不是孩子描述得那么刻板，她听了家长的反映后，在孩子的作业本上给了一个“优+”，还写了表扬性的评语，而且在一次提问时，当着全班同学表扬孩子能够准确回答问题。孩子的态度从此彻底转变了。

如果有校园欺凌的事情发生，小学阶段可以通过与学校、老师合作解决。中学阶段情况比较复杂，在后面会有专门章节讲述。

有的时候，环境中的因素过于有挑战性，则可以选择回避。台湾作家三毛的自传里提到，她小时候在学校被老师羞辱，因做错了题而被老师用墨画了黑眼圈在班里示众。几天后，她在出家门上学时，突然晕倒。如果孩子也出现了这种极端的情况，不如先休学或转学，而不是逼着孩子去迎接挑战。

其次是孩子自身的问题。孩子厌学往往具有以下一条或几条原因：

1.孩子处于抑郁状态

对于有些孩子来说，上学（包括上课外班）几乎是他们唯一的社会功能了。不想上学，拒绝上学，对孩子、尤其对青少年来说，是社会功能受损。在排除了前面说的因素后，孩子表现出就是不想上学，去上学没有任何意义，没有兴奋，没有好奇，没有动机和目的。如果孩子同时对别的事情也不感兴趣，如不是很主动地与同学来往，原来曾经喜欢的活动也失去了兴趣，甚至连脾气都没有了，整个人给人的感觉就是老气横秋，没有了活力，那么家长可以初步判定，孩子处于抑郁状态。对于抑郁的处理在后面有关情绪的章节里会讲到。如果家长觉察到孩子的抑郁状态，最好带孩子去做专业的全面检查，而不是只盯着上不上学这件事。

2.恐惧状态或适应不良造成的心理障碍

一个13岁的女孩，她在初二上学期的期中考试中，把数学考砸了。老师当着全班同学的面说她“以后你就不要学数学了，学成这样还学什么学”。过了几天，老师在家长会上也说了类似的话。孩子的父亲当场跟老师争执了几句，老师生气地走了。之后，孩子的父亲给老师发信息解释，表示道歉，希望继续沟通，但老师一直没有回信。

几天后，孩子已经走到学校门口，却无论如何也迈不进去，全身颤抖，心跳加速，出冷汗。

一个刚上初一的男孩，12岁，没有任何特殊的事件发生，可他就是不愿去学校了。离学校还有300米，他几乎是一步一挪。到了校门口，要是有认识的同学或老师打招呼，他就能进去，否则会发生大腿肌肉痉挛、冒冷汗、脸红、呼吸急促等生理现象。

家长细心一点儿就会发现上述状态是装不出来的。同样，家长需要带孩子做专业的全面检查和心理治疗。

“冰冻三尺非一日之寒”，不愿去上学也不是一天、一件事情造成的。对上学如此恐惧大多缘于适应不良，如自信心不够，社会能力太差，与同学、老师关系处理不好等。有的孩子是因为家里比较娇宠，小学阶段的老师对孩子还比较耐心，同学间的矛盾纠纷也没有那么严重，沿用过去的简单人际关系模式就可以。到了初中，情况一下子变了，很多乖巧、天真可爱、讨人喜欢、迎合他人的孩子开始出现适应问题。老办法不但无效，还招来嘲笑或欺负，可新办法也没有。孩子受了委屈，又得不到理解或支持，慢慢就不敢也不愿再去学校了。

另外，家里人口少、社交少、人际关系简单的家庭出来的孩子也容易出这个问题。这就是为什么我一直在呼吁家长，不必太担心学科知识的学习，而要关心孩子的社会学习，培养孩子的社会性。否则，孩子迟早会适应不良，造成社会功能受损。

3.害怕失败，害怕证明自己无能

我遇到过好几个在高考还差几个月的时候孩子不去上学的案例。从家人和孩子的叙述中，我发现这几个孩子都没有经历显而易见的大事，一切都正常。这其中有两个案例显示出比较一致的共性。

第一个案例是一个18岁的男孩，长得特别帅。他妈妈的眼神中透露出的宠爱和骄傲被他爸爸的话证实："从小就溺爱，哪儿有这么养儿子的？"他爸爸认为，孩子从小被捧上天，惯坏了。孩子说的一些话也确实透露出"狂"来，但与一般这个年龄段的孩子的"狂"不一样的是，他的"狂"透露出心虚。他的"狂"不是去证明自己，而是要得到他人的佩服、喜欢、敬畏。据他妈妈说，孩子从小就是老师的宠儿，家里的管教并不严格，孩子也不调皮捣蛋，在学校和家里都表现很好。我问孩子如何看待自己的为人，他说自己是个心软的人，有时候是不忍心让妈妈或老师失望，所以强迫自己做听话的孩子。但他打心眼里不认同大人的很多道理，却也没有反叛过。他的成绩小学时很好，中学后一直处于中上水平。虽然家里没给什么压力，但距离他自己定的目标差得太远了。高一下半学期到高二上半学期，他的雄心壮志逐渐开始改变。现在，他不想参加高考，因为没有意义，他想当一个志愿者，到大山里去支教。

这个孩子的问题在于，妈妈和周边人的喜爱（一方面，他的外貌和言行招人喜爱；另一方面，他也一直在做让人喜爱的事，来维持别人的喜爱）把他和现实、他和他自己给隔离开了。18年来，他对自己的认识和期许并不准确，同时，他还把成就与成功视为换得别人喜欢的必备条件。没有建立良好的自我关系，意味着自我接纳的缺失，那么人就会更依赖别人对自己的接纳。现在，高考是最后的试金石了，自己是不是如自己和他人想象得那么好，马上就要见分晓。这一刻，对于这个孩子来说，越晚到来越好。所以，他竭尽全力躲避。而选择去偏远地区支教，从道义上、能力上、情感上等各个方面来说，都是获得认可和证明的好事情。比种情况下，放弃学校、放弃高考，当然是最佳选择。

第二个案例是个女孩，她的家庭条件极好，父亲是知名电视台的导演、制片、策划，既有才又有钱，母亲也在电视台从事编辑、制片这一类的工作，干得也相当出色。孩子从小就读名校，参加的课外辅导班全以孩子兴趣为主，孩子说上就上，说不上就不上，父母并不严厉要求一定要怎么样。因为在父母看来，孩子只要稍微用功就行，其他一切他们都可以安排，像孩子上的幼儿园、小学、初中，就都是父母给安排好的。中考虽考得不理想，但爸爸给想了个办法，照样进北京排名前三的著名高中就读。上高中后，她的成绩在班里中等，并没有太靠后。但是寒假一过，她跟父母说不想去上学了。将来要靠自己养活自己，要自立，“一分耕耘，一分收获”，所有这些道理她都懂，也没有早恋、花钱攀比、交损友，但就是不想去上学了。

这个女孩的父母平时比较忙，从小是姥姥姥爷、爷爷奶奶和保姆带大的。但父母只要有时间，就一定会关心、陪伴她。女孩不仅物质上不缺，各种活动也很丰富，用她妈妈的话说，“几乎跑遍了全世界”。

那么，这个女孩的问题出在哪里呢？孩子自己认识得相当清楚：“他们（父母）就像救世主一样。他们编好了剧本，安排了道具，只要我演出来就行了。这有什么意思呢？我不想演了。”“这是我的问题，不是他们的问题。他们能有什么问题啊？他们都那么成功，那么能干，那么无可挑剔。他们一切都很牛，就是倒霉生了我这么个不给他们争气的女儿。”“他们是从来没有批评过我，一直给我铺路搭桥。但这也表明，我的本事就这样了，还是他们最有本事，我只能靠他们。”

孩子的话听得出来是愤懑、不服气的。高考将再次证明她的没本事和父母的本事大。她不想再体验这个“游戏”了。

类似的例子还有很多。孩子从小没有建立起自我动机和成就感的奖励机制，只是“应该”去上学，“应该”承担社会角色，时间长了，孩子当然会厌倦、反感，而又没有能力去设定自己的目标并为之奋斗。厌学行为的背后是没有建立好的自我。所以，厌学不是问题，它是一个媒介，经由这个媒介，父母可以看到孩子成长的结果，可以看到孩子缺失的、需要的是什么。

一个刚入学的6岁女孩，她的父母与我朋友认识，于是托关系非常着急地让我加号接诊。因为女孩不仅一直在说不要去上学，甚至站在窗边说真想跳下去，家长吓坏了。

孩子很可爱，话不多，声音比较细小，见到陌生人很腼腆。她的妈妈快人快语，爸爸则比较沉默。孩子的幼儿园上的是私立的，一个老师带四个学生。上小学时，爸爸认为应该上公立小学，不要搞特殊化。而妈妈一直不喜欢公立教育体制。最后还是爸爸的主意占了上风。开学2个月以来，孩子明显不开心；老师批评同学，她听着害怕；她向老师提出上厕所，未被允许，结果尿了一次裤子；老师对家长的态度不好，光说孩子的缺点，要求家长做的事情太多；等等。妈妈的意思是退学，上私立学校；爸爸的意思是必须坚持，否则以后会养成遇到困难就放弃的毛病。他们希望我能给出建议。

我的回答是，如果要我做出上哪个学校的建议，一来这不是心理问题，二来我需要更多信息，即关于学校、孩子的未来规划、家庭收入、与学校的距离等。这些不是短期内我能搞明白的。我能做到的是，看到孩子本身的特点以及她应该发展的能力。

无论上哪个学校，孩子都需要发展以下能力：

1.主动表达自己的要求

孩子上学以前，家长和幼儿园老师会更主动地去关心孩子。而随着年龄的增长，孩子不能总是等别人来询问，要能够学会以恰当的方式，在恰当的时间和场合去表达自己的要求。例如，孩子想上厕所，老师应该不会不让孩子去。但孩子腼腆胆怯，声音很小地说要上厕所，老师根本没听见。那么，我们要教孩子如何更有效地提出要求，如放大声音或走到老师跟前去说。

2.对陌生人、陌生环境的评估和适应

刚入学的小朋友都会害怕、困惑，因不知所措而感到难受。人是会主动寻找开心、认识世界的，所以要耐心地给孩子一个从不适应到适应的过程。与此同时，家长还要注意两个特殊情况：一是环境挑战过大，超出孩子的能力范围，那么孩子可能因过度恐惧而退缩或有其他异常表现；二是环境挑战不够大，那么孩子的能力就永远没有机会得到拓展。这两种情况是家长需要具体分析的，不能一概而论，别人家孩子行自己的孩子不一定就行，也不能一听孩子哭就心软、退让。

3.对父母的信任和自己责任的承担

案例中的女孩已经聪明地察觉到父母意见的不一致，所以她的一些言行有意无意地在钻这个空子。孩子已经学会抱怨学校不好、老师不好、爸爸的决定不好，她寄希望于环境的转变而没有去调整、改变自己。对此，父母的意见一定要保持一致，让孩子知道你们是权衡了所有利弊后做出的决定。孩子有权表达自己的想法，供父母做决定时参考，但像上学这种大事，孩子最好配合、听从。

家长还要注意的是，孩子的话不可不信，但也不可全信。不要说孩子，就是成人有时也会言不由衷或言过其实。所以，像孩子说的“我不想上学”“我要跳楼”等话，家长不仅要听字面的意思，也要去听她的话外音，观察她说话时的表情，体会她说话的动机和目的，以及内容是真实的

还是喻指等。家长尽可能做到不被孩子的话牵着鼻子走，而能够通过孩子的话，更准确地把握孩子。

案例中女孩的父母后来决定不给孩子转学，而是加强对孩子的支持。一个学期过后，孩子在寒假前获得了好几张奖状，成了全年级的好学生之一。

这个孩子的选择是没有转学，有的家庭的情况也许是转学更好。无论怎么选择，家长都要关注孩子的相关社会能力的成长。

最后，提醒家长关于厌学的两个特例：

• 孩子厌学在家，同时还有情绪不稳定等其他不好的表现，可家长一直没重视，等来咨询时发现，孩子已经患上精神分裂症了。这是最严重的情况，我遇到过几个案例。家长一定要重视，平时多了解一些心理相关知识，不要等到孩子的社会功能全部丧失时才采取行动。

• 一些天赋超常的孩子，他们在智力发展上确实比同龄人更优异，上课内容他们一学就会，感到太容易、太无聊，于是产生了厌学情绪。对这一类孩子，家长要制订针对孩子特点的教育计划，或者选择特殊的学校。

Part 2

了解儿童情绪背后的心理

情绪作为一个心理过程，贯穿人的一切活动，不仅体现在人际关系上，也有认知上和行为上的偏差、挫折等。情绪问题虽然不如行为问题那么明显，但是与孩子朝夕相处的父母，对于孩子情绪的变化和状态，还是能觉察的。怕的是家长虽有所觉察，却并不重视，认为是孩子为达目的而要脾气、要花招。

情绪是我们最迅速、最深度的对事件的反应，它既影响我们的认识与思维，也被认识与思维影响。我们不能或不敢去面对、处理孩子的情绪，常常是因为不会应对。我们对自己情绪的觉察和把握都不到位，甚至很糟糕，不被孩子的情绪激惹就很不错了，确实应对不了孩子的情绪。所以，当我们希望去处理孩子的情绪，去帮助或教导孩子处理情绪的时候，我们首先要问的是自己：情绪能力如何；情绪辨识、推理、调节和表达如何；能觉察、明确自己的情绪，找到自己情绪的诱因吗；等等。情绪的能力或智力是体验习得的，不是读书明理得来的。因此，只有我们的情绪能力好了，在与我们的互动中，孩子的情绪能力才会变好。如果我们的情绪能力不好，即便孩子接受了提升情绪能力的指导，可能回家与我们一互动，又会被带回去。这就是为什么有的人在外面与同事、朋友都能处得好，一回家面对老妈老爸就控制不住自己的脾气，因为他又回到了旧时与父母互动的模式中。只有当一个人的力量足够强大，他才能跳出窠臼，而这一般要等到成家立业、40岁以上才有可能做到。

所以，请家长们一定要重视，要想提升孩子，必须先提升自己，而且不可能仅仅通过积累知识改变情绪能力，必须自己去学、去练、去体验。

情绪的来源与形成

人类有4种基本情绪，也叫原发的情绪，即喜、怒、哀、惧。

人类大约在2周岁以后，开始逐渐显示出只有人类才拥有的复合情绪。就像红黄蓝三原色能调配出很多颜色一样，喜怒哀惧这4种基本情绪也能复合出多种多样的复杂情感。

人类进化出复杂情感的时间远早于进化出语言的时间。而且，与语言机制一样，情感机制已经内化在我们的基因中，只要时间、环境成熟，会自然显现，并在与环境的互动中，逐渐成形、成熟、变化。

人类进化出复杂情感的原因，是为了维系社群和个体的关系，让人类社群能更好地存活下来。

大脑中负责处理情感的部分在边缘系统，位于新皮层下方。也就是说，人类无法意识到情绪。人类意识到的是情绪引起的身体感受和动作，包括内脏器官的痛痒、麻胀等诸多感觉，有的令人舒服、愉悦，有的令人不舒服，甚至难以忍受。这些感觉反馈回大脑中枢后引发更多的情绪。时间长了，有些情绪感觉通路会形成固定的神经回路，虽不是不可更改，但不易更改。

人类大脑的新皮层掌管记忆、运算、逻辑、认知等各项功能。当情感—身体感觉产生后，人类会去思考这些感觉，从而记住这些感受，并命名为不同的情感。人类还会思考情感的诱因，认识理解自己和他人的情感，调节自己的情感，并能有意识地去选择情感表达的方式。这就是人类对情感的理智化而形成的识别、推理、调节和表达4项情感能力。这4种能力既有先天的机制，又受后天环境的影响，是交互作用的结果。

人的年龄越小，理智化的能力和内容越贫弱，常常会误解、忽略或过度发展某项情感能力中的某些内容；人的年龄越大，积累的理念和经验越多，越容易忽略、抑制和误读情感内容，造成误判。负责综合处理所有信号的脑区之间都有连接的部位集中在前额叶，即前扣带回。这个部分在22～24岁时才会长好。因此，儿童不能理智、客观、全面地处理问题，不能恰当地表达情绪，是常见的现象。家长既不能因此指责他们，也不能以“不正常才正常”为借口，忽略了正向的引导和建设。孩子越小，父母的作用越大。情感的能力与听说读写不一样，不是教了就学得会的，必须是在亲自的实践中，在与人的互动中习得。孩子小时候，紧密联系的他人和归属的群体是父母和家庭。父母对孩子的情绪和自己情绪的识别、推理、调节和表达，不仅直接帮助孩子磨炼情绪能力，也是孩子模仿学习的榜样。

可惜的是，大多数家长自己的情绪能力不佳，不能及时发现孩子的情绪信号，直至孩子发生更严重的问题。前面讲的后天的躯体化问题和行为问题，最早出现的一定是情绪信号，然后一直伴随有情绪反应。可惜，家长往往头痛医头，脚痛医脚。下面我就举例分析常见的儿童情绪问题，供家长作为参考。

恐 惧

看见什么都害怕，胆子特别小

恐惧是每种哺乳动物都具有的基本情绪之一。大多数哺乳动物是通过嗅觉或听觉觉察到引发恐惧的信息，人类则更多是通过视觉。除此之外，不完备的思维和想象也常常引发人类的恐惧。

恐惧是保护我们的，引起我们的警觉，让我们远离危险。

心理学有个著名的“视崖”实验。安全玻璃板下面一半紧贴桌子，另一半是地面，由此组成“悬崖”。 让6个月以上的婴儿从桌子这端爬到另一端。几乎所有的婴儿来到“悬崖”边时都会停止，表现出恐惧、犹豫、痛苦等情绪和状态。婴儿以其有限的经验，不知道玻璃板是安全的，受原发的恐惧感的驱动，而采取了行动——停止爬行，并表现出了情绪的异常。

现在，假设家长并不知道实验中有“悬崖”的存在，告诉他们是孩子的爬行比赛。那么，当孩子停止爬行时家长会怎么想？大多数家长首先会说：“这孩子怎么害怕了？”然后会问：“这孩子闹什么呀？怎么了？”然后是种种哄孩子、怨孩子，最后才会想到孩子这种表现应该是有原因的，从而去查看到底发生了什么。

现实中会存在各种各样的“悬崖”：有时候是真的“悬崖”，对大人来说可能很容易处理，但对孩子来说是太过挑战的情境，无法应对，所以恐惧；有的时候只是视觉上的“悬崖”，但对孩子来说，那就是真的“悬崖”。可惜，有不少家长不能站在孩子的视角和高度去观察，而是用自己的标准去衡量。对前者，他们会责备孩子无能；对后者，他们会责备孩子无知。总之，这都是孩子不对，是孩子太敏感、胆小、脆弱。

孩子天生确实有内向、外向等不同的气质，却不是一定会敏感、胆小。家长要细心去检视环境中的内容以及孩子对环境的认识与评估，或者帮孩子校正环境，或者帮孩子扩展认知、增强能力。

例如，2岁的孩子分房睡是太过分的挑战，5岁左右分房才是恰当的。孩子不敢去冰上走，家长可以走上去给孩子看。对于10岁以下的孩子，很多时候不是只让孩子自己去做，最好是家长示范和带领、陪伴孩子去做。

有一种情况是家长造成孩子害怕，自己却没有觉察。例如，带孩子去看牙前，孩子还不知道看牙是怎么回事，是怎样的体验，家长却说不要害怕。孩子第一次考试前，家长告诉孩子，别紧张，考试没什么大不了的，不用害怕。这些情况都是家长在提醒孩子要害怕。家长需要反思自己的言行模式，不断自我发现、自我提升。

分离焦虑

不允许妈妈离开

孩子刚出生的时候，见着谁都笑，一点儿都不怕生，谁来抱他、逗他都可以。但孩子从六七个月开始就会认生了，见着陌生人会躲，极端点儿的还会哭。尤其当陌生人特别靠近甚至伸手要抱的时候，有的孩子会大声地哭叫，轻一点儿的也会避开，然后偷看陌生人，或者躲在妈妈的怀抱里，警觉地打量陌生人。

孩子的认知发展到“怕生”阶段，开始能够区分“这个是陌生人，我不认识他，我要提高警惕”，甚至“我要大声地哭闹，不让他碰”。在这个时候，孩子开始出现发展心理学上所讲的分离焦虑（separation anxiety），就是对熟人、亲密的人（一般来说是妈妈）特别依赖，抱着不让走，不能分开得太远，只要一分开，孩子就会哭。这样的情形一般来说会在15~18月龄达到高峰，然后才会逐渐地减少。发展心理学把这种黏人、不让妈妈走的情况也称为“分离哭闹”“分离焦虑”或者“分离不愿”“分离不接受”。所以，孩子会在这个阶段，因为能够分辨出熟悉的人和陌生的人，呈现陌生人不让碰、亲密的人不让走，要紧紧抓住熟悉亲密的人才能够确保自己的安全这样的情形。

换句话说，孩子6~18月龄表现出的分离焦虑，是正常的发展阶段应该有的正常现象。有的孩子家里人多，如跟妈妈和奶奶都从小待在一起很熟悉，那么分离焦虑的表现可能不强烈或者不明显，有的孩子就表现得明显一些。

下面给发现孩子有分离焦虑表现，却又不知道怎么样处理的父母一些建议：

• 尽量多陪陪孩子。在孩子3岁之前，父母要尽量把自己的时间和精力放在孩子身上。我遇到的个别案例不是孩子黏人，而是父母迫切地想赶快摆脱孩子。这样的父母往往会抱怨“我都多长时间没去咖啡馆跟闺密聊天了”“我都多长时间没去逛街了”“这一季的打折我又没赶上”“是因为孩子拖累着我，使得我没法去上班”等。但是，既然有了孩子、做了父母，就需要在孩子出生后的头3年里暂时放弃自己的爱好，这也是为人父母的伟大之处。

• 一定要做好孩子的靠山，当好孩子的安全港湾。孩子各有各的不同，有的好奇心强，很快就愿意跑出去探索，而有的孩子则愿意踏踏实实地在父母身边待着先观察。无论是哪种情形，父母作为孩子安全的港湾，一定要在那里，一定要让孩子相信“如果我出了什么事，或者没有做好什么、遇到危险，我只要跑回来，妈妈一定在这里等着我”，甚至“我妈妈一定会主动出手帮助我的”。有了这个信任，孩子对父母就不会特别黏了。如果父母没告知就走了，说好回来却又没回来，或者有的时候趁老人哄孩子玩时悄悄溜走，让孩子觉得父母神出鬼没的，说话不算数而且完全没有规律可掌握，那孩子就会更黏父母，希望用一己之力抓住父母。

如果父母要离开，就要跟孩子好好地说再见，要建立起离开和回来的规律。虽然一开始父母尤其是母亲一走孩子还是哭，但是几次以后，孩子就摸出这个规律了：妈妈走，再见，我可以玩别的，到时候妈妈一定会出现的，一定会回来的。这样，规律就建立起来了。

• 做好示范。在陌生的环境和人群中，父母更要给孩子指引、讲解、示范。这一点特别重要。父母不要推着孩子，“你去啊，快去玩啊，你怎么不玩呀”。孩子未必有那么多的认知和经验，一看就知道该怎么玩。很多孩子其实是在等父母做示范和指导，等父母先去尝试，再带领他玩。前面的内容就特别分析了，孩子在这个年龄段更愿意跟从。所以，与其忙着把孩子推出去玩，不如先陪伴着孩子玩，孩子感兴趣了，他才能够自己玩。

最后，提一下特别情况——自闭症或者智力发育问题等先天原因。如果孩子已经2岁多了，从不跟小朋友玩，特别黏人，或者一点儿都不缠妈妈，不认生，那么可以看出孩子的认知和行为是有问题的，有可能是有自闭谱系或者智力发育等先天问题，建议去儿童医院保健科等正规儿童医疗机构检查。

分离焦虑还有一种定义，提醒大家一定要注意。当分离焦虑达到分离焦虑症或者分离焦虑障碍的时候，其就成为一种心理疾病。这是常发生在学龄前儿童身上的一种情感障碍，具体表现有3个指标：一是时间长，例如在长达3个月到半年的时间内都是这样表现的；二是老想着一些不好的事情，例如丢了怎么办、妈妈如果走了再也不回来了怎么办，会特别烦恼和恐惧；三是离开妈妈后，孩子会在长达一两小时的时间内都会保持哭闹、抑郁或恐惧的状态，不吃、不喝、不玩。

分离焦虑作为一种症状是需要专业人士来诊断的，而不是看见孩子不想去幼儿园、哭闹就叫分离焦虑。而且，分离焦虑也需要专业人士来帮助矫正，不是父母多爱孩子一点儿就能够解决的。

现在有很多人把孩子不爱上幼儿园，抱着妈妈大腿哭闹说是分离焦虑，这是错误的！绝大多数孩子不爱去幼儿园，是因为适应不良，而不是什么分离焦虑。而大多数的小朋友其实妈妈一走，进了幼儿园教室十分钟也就好了。

对于刚入园的孩子来说，不开心、不适应是正常的。大多数的孩子或者正常反应的孩子是不会开开心心入园的：有的可能表现得很明显，大哭大闹或者显得更抑郁，不说话、不玩；有的表现并不明显，但是在一段时间内，一般是1~2个月的时间内，不像以前那么活泼；有的送去幼儿园的时候虽然不哭不闹，但是会找一点儿小借口不想去。这些都是因为孩子没有真正地找到最恰当的在幼儿园开心的办法，都是正常的，说明孩子还在适应过程中。

如果要把不去幼儿园归因为分离焦虑，就指错了方向，父母会花心思在跟孩子的关系上。如果归因为适应不良，父母的方向就找对了，帮助孩子去适应幼儿园就能解决问题。因此，父母不要轻易把孩子不愿意去幼儿园归因为分离焦虑。

任何人对陌生人、陌生环境都需要时间去认识、去适应，更何况孩子。我们只有在对该环境产生基本的信任感与安全感后，才有可能去研究它，试着适应它。孩子对外界的这种基本信任与好奇更多是后天影响的。如果家长总是流露出对幼儿园的不信任，家长总是在强调“我们不怕去幼儿园”“幼儿园很好玩，一点儿都不可怕”“你已经这么大了，可以自己在房间里玩一会儿了”，等等，听起来是鼓励，但隐含的意思却是：幼儿园很可能是可怕的，至少有可怕的可能性；自己在房间里也不是什么安全的事，要足够大才可以。“我够大吗？我能做到吗？”这个疑问会自然产生。反观说出这种话的家长，其内心如果真的不怕，真的认为去幼儿园是很自然的事，哪里用提前告诉孩子它不可怕？

还有不少产生分离焦虑表现的孩子，是受到父母的焦虑状态的影响。有的母亲自己在离开时，会产生内疚，会同情孩子、可怜孩子。这些情绪会被敏感的孩子觉察。尤其是一些夫妻感情不好的家长，或自己童年的依恋关系建立得不好、成年后的人际关系不好的家长，更容易把情感寄托在孩子身上，孩子成为其在这个世界上唯一感到亲密的、互相怜爱和接纳的人。这种家长看孩子的眼神都会显得更热切，更焦灼。在这样的注视下，孩子当然惧怕与家长的分离。这样的家长必须主动去做深度的自我发现与提升，接受心理治疗。

情绪冲动

愿望必须达成，达不到就又哭又闹

情绪冲动的表现就是俗话说的“想起什么是什么”“变脸快”“一点就着”“给点儿阳光就灿烂”等，情绪变化快，并且很快就体现在言行上。孩子在6岁以前如果有这些表现，是相对正常的，因为他们没有那么长的耐心，还不能够综合考虑环境和他人的情况，容易冲动。但是，如果家长给予了安抚或解释仍然不能平抑冲动，则要引起家长的重视，并从生理和后天养育方式两个方面去考察。当然，事情比较特别、刺激比较大的除外。例如，当一个4岁半的孩子听说放假要带他去迪士尼乐园见白雪公主，高兴得又唱又跳，并且开始收拾行李，这不能算是有问题的行为。如果一个4岁半的孩子正在吃蛋糕，大家说起了草莓，他立刻就要吃草莓，尽管父母解释天晚了，商店关门了，冬天的草莓不好吃等，还是非要吃不可，这就是家长要解决的问题了。孩子之所以不听劝、不能等、没耐心，除了先天智力发展不良不能明白大人的解释，就是后天父母养育方式上存在纵容、界限不清、无规则或规则不清、执行力度不够等情况。

• 纵容，表现在孩子一哭一怒就满足孩子的需求，而不是帮孩子体验情绪，寻找哭或怒的原因，正确表达或调节哭或怒。当孩子开心、激动或讨好父母时，父母倾向于满足孩子的要求，久而久之，形成“刺激—冲动—满足”的迅速反应模式，而不是建立“刺激—情绪—思考—策略—行为”的模式。

• 界限不清的父母没能帮孩子建立起“人—我”的概念。这种孩子的内心是，我想要怎样等同于别人也是同样想法，而不是学会观察我和别人的想法、目的有何不同。

• 无规则或规则不清的养育方式造成孩子行事没有任何限制，因此也就不需要经过思考做决定，自己喜欢怎样就怎样。

• 执行力度不够时，虽然父母口头上有规则、有要求，但实际上却没有执行，孩子由此形成任性而为的行为习惯。

6岁以后，先天正常的孩子很少事事都冲动，有些孩子的表现是某一类事情或某一些情绪更容易让他忍不住。例如，一说看动画片或玩游戏，就要立刻开始；一说弹钢琴就不乐意；胆小到一有什么令他害怕的事发生，就吓得放下一切正在做的事；一开心就容易忘乎所以等。如果孩子的反应超出了平均的水平，就要引起家长的注意。

情绪是信号。人与动物的最大区别之一是，动物受情绪的驱动，而人类赋予情绪造成的感受以意义，通过心智为情绪命名、分类，并习得了处理与表达的方式。另外，人类的基本情绪还复合出非常多且复杂的社会情绪，用以牵制或驱动我们的社会行为。情绪冲动的表现常常发生在小孩子身上，就是因为他们既缺乏相应的知识、理念去解码情绪，又缺乏经验去处理情绪，显得为情绪所驱动。但即便这样，孩子也是人，他只是冲动而不是被驱动。家长要做的是，一方面给孩子解释，帮孩子分析；另一方面真实地与孩子发生情感互动，让孩子体会到不同的情绪表达方式带来的不同效果。逐渐地，孩子才能学会处理情绪信号。

易激惹

容易发火，脾气暴躁

易激惹，就是容易发火，脾气暴躁。愤怒类的情绪比较多，也比较易发作。愤怒类的情绪有，不快、不满、不耐烦、生气、懊恼、愤怒、义愤、盛怒、憎恨等。易激惹可以看作情绪冲动的一种，单独把它拿出来说，是因为发生这种情况的孩子比较多。

引起愤怒情绪的诱因很多，概括起来可分为两大类：

- 自己的目的、愿望、要求达不到、得不到满足的时候；
- 自己的身体、利益、物品受到侵犯的时候。

1岁以内的孩子，如果别人抢走他手中的玩具，或者挪动玩具让他怎么也够不着，孩子就会愤怒，肾上腺素大量分泌，脸部通红，胳膊腿都在使劲，但还不知道该把劲使在哪儿。1岁以后，不少孩子就会用手打人，或用头撞人、磕人，有的甚至咬人，他已经有能力将愤怒发泄到明确的对象身上。如何安抚孩子，如何在互动中教会孩子正确的调节和表达方式，前面已有阐述，这里重点讲一下愤怒情绪。

如果家长比较粗心大意，不能准确猜到孩子的目的与需求，而孩子又太小，表达不清，造成孩子的愿望不能实现，孩子会很生气，发脾气。对于这种情况，家长需要增加耐心与爱心，多了解孩子。其实，小孩子能有多深的心思呢？家长稍微用心，多花点儿时间跟孩子在一起，就能猜得差不多。然后，家长再来看是满足他的目的，还是理解他但不能满足或不能完全满足他，并给予解释、替代或转移。例如，一个3岁的孩子看见另一个孩子在嚼口香糖，就说自己饿了，要吃东西。可是给他水果，不要；给他饼干，不要；给他什么都不要，孩子急得直哭，还打妈妈。如果妈妈细心一些，就会知道，小孩子最爱模仿，他一定是想要旁边那个孩子吃的东西。妈妈可以直接问他是不是想吃口香糖。这时，孩子如释重负、使劲点头。接下来，妈妈再根据实际情况应对。

有的家长能猜到孩子的心思，或至少猜对一大半，但孩子与家长的想法或目的不符，家长就会直接拒绝孩子，或告诉孩子他的想法不对，压制孩子。年龄小的孩子往往听从了大人，但心里的愿望未被满足，很不舒服，但又压制着没有表现出来。因为没有机会去和家长争辩，孩子往往没有厘清自己的想法和表达的能力。等到年龄大了，不怕家长了，能反抗了，孩子就会显得脾气特别暴躁，一言不合、不容分说就发脾气。我治疗过的一个孩子就是这样。据她妈妈说，孩子本来一直很乖，上了初中后，变得非常爱发脾气。孩子的父母都是律师，孩子从来都争论不过他们，常常一言不合就发脾气，根本无法沟通。所以说，孩子的易怒是父母造成的，因为孩子不能有理有据地与家长探讨、辩论。

总是被“惯着”的孩子，要什么就能得到什么，没有听过“不”字，长大以后也会是易激惹的。孩子在家庭环境中习惯了不被拒绝，在家庭之外就更加会感到挫败，而且还不明白为什么会挫败。将问题归因于自己，孩子就会变得困惑、怯懦、自卑、讨好别人；若归因于他人，孩子就会变得易怒，攻击性强。前者是向内攻击，攻击自己；后者是向外攻击，迁怒他人。外面遭受的挫败会让他回家来向父母发泄，对溺爱他的父母出言不逊、发脾气，结果造成易激惹的表现。纵容孩子的结果是令孩子丧失了社会性交往与互动的能力。

前面说的几种情况是孩子先天发育正常的情况。有些孩子由于遗传原因或生理原因，如智力水平较低，听不懂道理，因而任性，得不到就发脾气；在生病的时候，或处于食物不耐受、过敏等不舒服的状态时，孩子也会显得脾气暴躁、易怒。家长要注意观察孩子的反应，该去专业机构检查就一定要做一下排查，不要主观臆断孩子是有病或者孩子不听话、倔强。家长要找到原因，从根源上修正，逐渐培养孩子良好的情绪表达能力。

冷漠

对什么事情都漠不关心

孩子的情绪过于明显、激烈，家长会担心，可孩子的表现比较淡然、冷漠，家长也要引起重视。情绪是一个人自然的心理过程，外界的信息会引起我们的关注、思考，同时也会引起我们情绪的变化。如果孩子一直淡然，这不是乖或者内向，很可能有问题。

首先，排除孩子的反应是正常的，但家长误以为孩子表情冷漠。

一个2岁10个月的女孩，她妈妈认为她的表情和反应跟别的孩子不一样，太漠然，经常是妈妈又闹又笑、又唱又跳，想带动孩子，但孩子仍然表情木然，不参与，待在一边看妈妈表演。妈妈怀疑孩子可能有自闭症。

这个孩子当然不是自闭症，而是妈妈的期望或假想不符合实际。这个妈妈其实并不了解别的孩子是什么样的，她参照的更多的是影视剧里的孩子。那些孩子活泼、表情丰富，跟妈妈有问有答。但在现实中，两三岁的孩子不会像妈妈想象的那样与人互动。这个年龄段的孩子一般都是有些呆呆的，但并不是真的呆，而是面部表情比较呆，因为一下子有太多的信息要接收，孩子忙于辨别、思考，根本来不及反应或根本就不知道该如何反应。他的大脑可能正在高速运转，但脸上却没有表情，因为处理信息的过程除了好奇，很少有其他情绪。

家长要注意，在孩子小的时候不要给他过多的外界新鲜刺激，一旦这些刺激超出孩子的处理容量和能力，孩子极易疲劳，会表现得躲避或漠然。孩子这时的举动意味着“太复杂了，我不理了”。上面的例子里，孩子的漠然就是应对妈妈的喧闹的。还有很小就被带去旅游的孩子，他们并不像父母期待的那样看风景、看名胜，而是只看、只要吃的、只要玩的，或干脆无动于衷。这不是孩子冷漠，是孩子以他的方式做应对和处理，只可惜与家长期待的不符。

其次，排除先天的因素。如果家长发现孩子不仅表情漠然，对外界的声音、活动等都无感或反应不大，缺乏好奇心，那么最好先排除是不是智力问题等生理原因造成的。家长一定要带孩子去正规机构检查。

再次，排除前两条原因后，家长要辨别孩子是有情绪但抑制着，还是根本没情绪。如果孩子根本没有情绪，要去检查孩子是否处于抑郁状态甚至有抑郁症。

我曾经遇到的最严重的案例是一个13岁的女孩，她的班主任建议家长带她去检查是否患有抑郁症。妈妈说，孩子已经半年多一回家就关上门，不理家里人。叫她吃饭，她出来吃完就回屋，无论父母说什么，都跟没听见一样。孩子小的时候，父母一直吵架。在她10岁的时候，母亲有2年是抑郁的状态，并被确诊为抑郁症，没有顾上关心孩子。父亲工作又特别忙，加上在家里会和妻子吵架，也很少回家。妈妈认为，孩子是对父母不满，跟父母怄气，也自觉理亏，就一直顺着她，不刺激她。直到班主任提出了建议，妈妈才意识到问题的严重性。这个女孩不仅神情漠然，而且眼神发直，动作迟缓。在与她和妈妈交谈一阵子后，我判断她已经不只是心理问题或抑郁症那么简单了，所以将她转介到精神科。后来，她被确诊为精神分裂症。

如果在超过一个月的时间内，孩子对任何事都没有反应或大的反应，家长一定不要掉以轻心，宁可证明自己过度紧张，也不要耽误了孩子的病情。

最后，如果孩子是有情绪、有反应的，但故意压抑着，装出无所谓的、冷漠的样子，家长要先观察他是跟谁、为什么目的表现出这种样子来。能把情绪压抑住，做出冷漠的姿态来，怎么也要到十一二岁以上。如果孩子是跟家长在较劲，那么家长要处理的是与孩子的关系，而不是孩子的冷漠。如果孩子是针对学校、老师，一般而言，孩子受到的挫折或伤害已经很严重，误解已经很深了。这应该是以前的种种冲突都没有好好处理，孩子认为自己受到了不公平的对待，而自己已经无能为力，所以才会以“冷漠—抑制”的方式去处理。此时，家长切忌以简单的“站队”方式处理，也就是说，既不要简单地选择支持老师或学校，也不要单纯地心疼孩子、支持孩子，可以根据情况选择处理办法。

• 如果孩子与学校的关系已经很僵了，不如转学，让孩子离开这个太过挑战的环境。但对孩子的沟通方式、对他人和学校的认识等，家长要花精力修正和扩容，有必要时找心理专业人士咨询。

• 如果孩子和老师的关系尚可，那么就不必转学，家长可以提升孩子应对冲突的能力和与人沟通的能力。

• 如果没到转学的地步，家长要出面与学校沟通，说明孩子的情况和对学校的误解，与老师达成一致，使校方和孩子一起调整和转变。学校和老师不可能像我们家长想象得那样去改变，但至少通过家长从中沟通，校方会重视孩子的情况。家长成为中间人或桥梁，从中调节、消除孩子与校方的误解，重建沟通渠道或模式。

表现冷漠的孩子，大多内心反而是敏感、柔软、热情的。家长绝不要以为孩子安静就没事了，一定要认真观察、小心呵护。

生闷气

总是不高兴，却从不说为什么

不与父母争吵或争吵后躲到一边生闷气的孩子，常常被家长忽略。家长以为此时不要去管他，让他自己冷静冷静，反思一下就行。同时，家长也怕继续吵下去没什么好结果，也就由着孩子生闷气。其实，孩子生闷气更容易导致极其不好的结果。

孩子在负面情绪状态下自己去想，很少会反思自我，大多数情况是放大父母的强势、狭隘等缺点，把自己放在弱势的受害者的位置。这样的思考结论毫无疑问是有偏差的，但由于双方不再沟通，家长就无法纠正孩子的结论。久而久之，孩子在认识上对父母就会产生更大的偏见和隔阂。虽然表面上暂停冲突，但父母更坚信孩子错，而孩子则增加对父母的厌烦和不信任，反而弄得两败俱伤。

看到这里，家长会问，怎么才能让孩子不生闷气呢？回答这个问题前，我们需要先搞清楚，孩子为什么会选择“生闷气”这个应对方式。

• 孩子由于年龄小，还不善于明晰地表达自己，而家长又不能明察孩子的内心，只根据自己的主观判断下结论，或者自以为了解孩子的内心，而实际上却不是。孩子会很憋屈，无论是家长的批评还是要求，孩子只能接受，心里当然不舒服，就只能生闷气。

- 孩子无论怎么辩白或解释，家长不但不听，而且根本就听不见、不想听。家长觉得孩子“想法太简单、太幼稚”或者“都是歪理，想着玩”，等等。孩子无论多大、多能言善辩，一是从气势上压不过父母，先怯了；二是如果父母早就站定“没商量”的立场，那孩子无论怎么说都没用，只能生闷气。

- 由于长期沟通不畅，孩子已经彻底对父母失去了希望和信任。亲子间遇到问题时，甚至只是可能发生问题时，父母还没明白怎么回事，就被孩子施以冷暴力。孩子什么都不说，在一边生闷气。这种情况一般在孩子十二三岁后经常发生。

我遇到的最极端的案例是一个14岁的男孩，他的父母一个是律师，一个是大学教授，可以想见孩子根本辩不过父母。后来，因为他总是拒绝跟父母沟通，回自己的房间并锁上门，他的父母就把锁给拆了，造成他更大的反弹，威胁要自杀。

总是在家里生闷气的孩子，其成长的局限不仅表现在家里，也会影响孩子全面的心理人格的发展。

1.孩子的沟通能力无法得到发展

与人沟通，无论争辩、要求、请求、解释，还是在有不同目的、不同想法，可能产生冲突的时候，沟通能力至关重要。这项能力无法只通过读书、学习、自我反思就能习得，就像游泳一样，必须自己跳进水里游，跟他人学，才能练出来。而沟通最初的训练场所就是家，最初的陪练就是父母。有的孩子在走出家门后也许还有机会锻炼，有的孩子则因为在家里没有打下“基本功”，出去后与他人沟通受挫，于是更不愿沟通，最后恶性循环，形成逃避或忍耐模式。

2.形成怨怪他人的模式

生闷气的孩子的内心独白常常是这样的：“我没问题，你有毛病，我懒得理你。”或者，孩子直接冒出攻击性的话，然后翻着白眼走开。用这种模式对待他人是不容易建立起与他人的良好联结的。越是这样，孩子越容易怨别人不好，最后变成不受欢迎的人，变得易怒或者孤僻。

3.形成受害者心态

当沟通不畅而又把问题责任归因于他人时，自己当然就成了那个心地善良、有远见但却被误解和打击的受害者。一旦孩子以受害者自居，他的认知和思维就容易被干扰甚至蒙蔽。凡是遇到与人有不同意见或矛盾时，孩子首先认为别人是不对的、恶意的、攻击的，他的结论和策略自然会出现偏差。

4.长期情绪状态不好

情绪是一个人的心理过程，我们在进行思考、读书、游戏、上课等各种活动时，都会伴随有不同情绪产生。情绪既能随着当时的情境产生，也能形成长期的记忆。如果孩子总是处在怨怪他人的状态和模式中，时间长了，他的情绪会变成“气哼哼”的，容易随时转为愤怒或委屈。孩子总是沉浸在负面情绪中，会影响孩子的内分泌系统和自主神经系统的功能，造成成长发育问题、睡眠问题、消化系统问题等身体障碍。

5.形成孤僻固执的性格

有的孩子只是在家里跟父母生闷气，在学校里跟朋友一起时，可能会因平等的交流和切身的体验而逐渐修正家里的模式，变得开朗、积极乐观、灵活变通。但也有的孩子会长期固化在既有模式中，使得消极被动的行为、偏颇的认知和负面的情绪，固化成性格特征。

总之，孩子生闷气，家长有时可以不理他，但大多数时候，还是要及时或稍后解决，不能任由孩子自己消化而不去处理，以为孩子能弄明白。

除了孩子跟父母沟通不畅容易生闷气外，还有一种情况也容易造成孩子“气哼哼”，就是父母意见不一致。父母一方常常充当老好人或者裁判，另一方和孩子变得越来越对立。当沟通陷入僵局时，“裁判”就会调解，即在孩子那里附和孩子，在家长那里劝慰家长。对立双方虽然表面和好，但心里都认定对方有错，自己是受害者，后面的恶性循环就有可能发生。

那么，家长如何避免或应对孩子生闷气的情况呢？

• 倾听。一定要听清楚、听全孩子的话，而不是因为自己的情绪或者自大，认定早就知道孩子要说什么，或者认定孩子的话不值得听、不必要听。家长听的时候固然不要急着反驳，但也别急着点头认可，先把信息听全，再做判断。

• 试着分析理解孩子的话，弄清孩子为什么这么说，想达到什么目的，帮孩子把话说完整了。这一点尤其针对年龄小的孩子，他们本来就不容易表达清楚，从认识、记忆调取、情绪再到表达，都不完善。此时，家长若能站到孩子的角度，帮孩子理顺思路、说清楚了，好处将不仅利于这次沟通，更是在引导和训练孩子的思维。此时，家长的不带偏见和不主观妄断是最重要的。要做到这一点，对孩子平时生活细节的觉察，对孩子兴趣爱好的了解，对孩子认知和思维程度的把握，是家长必备的功夫。

• 理解了孩子，家长别忘了要返回自己的立场，去思考谈论的事情，然后再与孩子尽量客观地探讨。如果家长不同意，那么要说得坚决严肃，并说明理由；如果家长同意但有附加条件，也要说明为什么。家长要采取关注的态度，而不是“我最懂”“我给点儿批示”那种高高在上的态度。

• 如果家长和孩子有不同意见，那么辩论的过程尽量就事论事，不要用“你还小，太幼稚”之类的话来压人，也不要意气用事，非争个胜负输赢。当听到孩子说“就你对”“就你好”等话，或者意识到自己总是有理的，总是说赢了的那个，那么家长要警醒一下，回顾自己和孩子的沟通。我以前有个同事，回忆起中学时期与父亲的对话，无论他谈食物、小说、时政还是旅游，他父亲都能以简短的几句话揭露他的无知或逻辑上的问题，“把我堵到墙角里”。所以，他现在几乎不与父亲说话，如果不得不说，他也常跟父亲抬杠，“现在轮到我赢”。家长一定要注意跟孩子肩并肩，而不是跟孩子对立地面对面。

• 如果孩子已经跟家长生闷气了，家长要想办法弥补。首先不要激化矛盾，像拆掉孩子房门的锁、孩子必须答应等硬性的冲突一定要避免。其次，不要听之任之。“好，我管不了你，咱们走着瞧。”这不是帮助孩子，而是在诅咒孩子的未来。最后，与孩子恢复对话，真诚地获得孩子的信任，做到不再总是家长赢，不再围追堵截孩子的话，不再主观评判他、贬低他。

如果家长真的没办法重获孩子的信任，重建沟通，那么家长就需要心理咨询，修正自己惯常的一些思维和言行模式，做自身的调整和改变。

焦 虑

为一些小概率的事情过分担心

有的人可能会质疑，小孩子至于有焦虑情绪吗？孩子不都是无忧无虑的吗？大多数孩子不至于焦虑，但仍有不少孩子会偶尔或经常陷入焦虑状态，甚至有的孩子会发展为焦虑症，而且各个年龄段都存在这个问题。

焦虑是从恐惧与担忧发展过来的。一开始是对已经发生的事感到害怕，逐渐发展为对类似的事情——无论是发生还是未发生的——感到担忧，最后发展为对未发生的事，而且是不太可能发生的事感到忧虑，到了比较严重的程度时，就是焦虑了。

一般而言，青春期前的孩子焦虑和恐惧伴发的较多，青春期后的孩子焦虑和抑郁伴发的较多。要想让孩子不焦虑，从根源上就不要吓唬孩子。而需要提醒孩子注意的，如不跟陌生人说话，家长一定要注意度的把握。记得我女儿上幼儿园时，老师提醒小朋友注意预防禽流感和狂犬病。我女儿足足有两年不敢接近任何鸟类（去农场玩时，鸡、鸭、鹅都不敢接触）和狗。家长告诉孩子这些信息时，自己明白是小概率事件，可在孩子那里，他没有听到大多数情况没事，只听到家长讲了最不好的可能性，他会将此认为是必然发生的，从而产生恐慌和焦虑情绪。年龄小的孩子会焦虑具体的事情，年龄大的孩子会焦虑考试、升学、事业、人生……这些都是一样的道理。

焦虑的家长提供给孩子的信息负面的居多，自己也整天惴惴不安。孩子看在眼里，也会“感染”焦虑。

有的时候，家长倒是不焦虑，但是太粗心，未能及时觉察孩子的恐惧或困惑。时间长了，孩子也会发展为焦虑状态。我接诊过好几个小学低年级的孩子，共同点就是从小爱看各种科普书。家长忙于工作，没有给予指导或解释，平时都是孩子自己看书。结果其中最严重的两个男孩子，一个上课时会幻想地震了或者海啸了等，陷入恐怖的白日梦中；另一个是走到哪儿都要带着水壶，生怕没有及时补充水分会造成细胞死亡。

如果家长经常听见孩子说“如果发生了××可怎么办啊”“不行，因为可能会发生××”以及“必须如何，否则就会发生可怕的事情”等句式，要小心多问问，看孩子是恐惧、担忧还是焦虑，有没有事实基础，以及如何造成的。家长能自己找到根源，就从根源上给予孩子引导和解释。如果找不到，孩子的表现又比较明显，如出汗、表情严峻，甚至影响进食和睡眠，就一定要去找专业人士求助了。

抑 郁

走进自己的情绪出不来

孩子天性充满好奇，这个未知的世界有太多的东西刺激他们去探索。孩子的生命力本来是旺盛的，最后却蔫了下去，是最让人心痛的。虽然处于抑郁状态或得抑郁症的一般都是13岁以上的孩子，但也有很多年龄小的孩子会甚至经常会产生抑郁情绪。

除去少数生理的或药理的因素，孩子的抑郁情绪主要来自后天的环境和养育。简单来说，只有当一个人屡遭挫败，对一切都失去了兴致，失去了热情，消极隐忍到一定程度，他才会变得萎靡，变得抑郁。与焦虑类似，抑郁的家长会令家庭气氛变得冷清、沉重，家长本人的消极、被动、抑郁的状态也会令孩子模仿。而这个状态的家长是没有精力和心情去关注、引导孩子，跟孩子产生良好互动的。有的孩子可以在别的家庭成员或在外界环境中得到资源和支持，有的孩子就没有那么幸运。有的孩子的痛苦源自家庭之外，如学校里的欺凌或对学业的恐惧。这时，如果家长能觉察或与孩子的互动好，孩子会主动告知。家长若能帮助、支持、引导孩子去处理痛苦，那么孩子至少不会抑郁。

年龄在10岁以上的孩子的抑郁，有时来自家长的管束过严、过宽，自己失去主动与自由，自己的想法总是被驳回，自己的愿望总是不能实现，而自己的行为又总是受批评。这样的家长常常是严厉的、强势的，但也有相当一部分表情和语气是温和的甚至是商量的，但事实上却根本没打算商量。孩子只能听家长的，还得承认家长说得对，想得远，更英明。

我遇到的这类孩子，家长的事业都比较成功。在家里，这类孩子的家长也处处表现自己的成功，抢夺孩子的发展空间。当孩子到了一定年龄，不再唯命是从，而想有自己的尝试时，他们遇到的是来自家长的批评和阻挠。家长会搬出“为你好”“教导你”“实践证明我成功、我正确”的理由，孩子虽不想服从，但又反驳不过，只得放手，认定人生并无意义和意思，产生抑郁情绪。

一旦家长觉察孩子在一定时间内（一般是3个月）经常处于消极的、无奈的状态，睡眠质量差或难以入睡，有时又会情绪急躁，容易哭，那么就要小心了，尽早寻求专业人士的帮助。抑郁比焦虑难处理。焦虑的孩子至少还有足够的能量去幻想，抑郁的孩子则提不起精神，失去了希望，对一切无动于衷。咨询师和家人要花很大的工夫激发起孩子的热情和希望，才能鼓起孩子寻求改变和进步的内在动机。

Part 3

了解儿童人际关系背后的心理

人具有社会性，人与人之间有着各种各样的联结和互动。一个人的成长就是社会化的过程。一个正常、健康的人能够发挥自己的社会功能，这其中就包含能够与他人建立、保持合理恰当的关系，并能正确地结束关系。当孩子还小时，在家里、在学校，他的人际关系相对简单，但在为将来复杂的人际关系做准备。基础打得好不好，至关重要，因为这里不仅牵涉认知，更牵涉情绪和行为模式；不仅有意识层面的理解和思考，更有潜意识层面的、固化了的反应与处理模式。

关于人际关系问题，本章基本都是罗列问题，较少给出建议，这是因为这些问题太复杂，每一个家庭里的每一个具体的事都不一样，没有统一的答案。希望家长能够根据章节罗列的问题及早觉察孩子的异常，发现、反思自己的问题，提高自身的能力。这才是增长孩子社会能力的最重要的一步。

孤 僻

朋友少，不合群

很多人会把孩子比较孤僻、不愿与人亲近、拒绝与人玩或交流的状态形容为自闭或孤独，由此造成对精神类疾病自闭症的误解，以为自闭症是后天原因造成的。请大家尽量不要望文生义。自闭症是由于生理原因尤其是基因问题造成的，而它与后天造成的孩子孤僻的表现是截然不同的。关于自闭症的内容，家长可以参照后文。

孩子的孤僻状态绝对是后天造就的。监护人过于严厉、冷酷，容易造成孩子不敢与他人建立联结，孩子的表情常常是忧惧、惶惑、不安的。监护人过于忽略，跟孩子的互动少，有时也会造成孩子在与他人交往时不知如何应对，觉得自己玩更舒服，孩子的表情常常是漠然、困惑的，或处于走神的状态。监护人过度宠溺和保护，也会造成孩子的人际交往障碍，有的孩子会变得无法无天、攻击性强，有的孩子则会表现为不知如何与人交往，或被动等待他人先来建立联结。这样的孩子虽表现得不主动，倒也不排斥和抗拒与他人的交流，只不过是交流质量不高，容易导致没人愿意和他玩。

上述的几种情况是最常见的。下面介绍几种不常见的情况，希望引起家长的注意。

1.阿斯伯格综合征

• 孩子人际关系建立得不好，但智力发展特别好，甚至属于高智商，也许是阿斯伯格综合征的表现。阿斯伯格综合征已经被列为自闭谱系的一种，但相对于经典的自闭症，在孩子年龄小的时候，其不容易辨识，会令老师、家长认为孩子正常但不会与人交往。

有些（不是全部）正常的高智商的孩子，尤其在小的时候，会比同龄孩子看得多、想得多。这种孩子有时会显得木讷，而且与同龄孩子兴趣点不同、聊不到一起去。小学低年级班里的孩子王常常是聪明孩子，却未必是智力超常的孩子，因为太聪明的孩子与大家显得有差距。如果这种孩子在家里的人际互动模式又建立得不太好，那么他们在学校里也不容易有良好的人际关系，会显得孤傲，甚至因自己的与众不同而自卑。有的孩子到高中后会好一些，有的孩子会一直比较孤独。但是，孤独未必代表痛苦。他们的精神世界可以很丰富，与苏格拉底、爱因斯坦、贝多芬等名家建立精神共鸣。只要孩子没有表现出情绪或行为上的问题，只要情绪和状态是稳定平和的，是开心的、自得的，就没关系。能够自己独处是难得的能力，不合群也未必就是瑕疵。

有的智力发育较迟、智商较低的孩子也会表现得不合群，不跟别人玩。但他们的状态不是孤僻，只是沉浸在自己的世界中，与自闭症患儿有些类似。而孤僻的孩子一定是有明显的情绪表现的。

2.在学校受到了挫折或打击，丧失了自信心

小学阶段还是比较重视成绩的，尤其是低年级的孩子，对于“学霸”、班干部、老师喜欢的或者霸道厉害的，都比较推崇或惧怕。有的孩子不属于以上4种，又不愿讨好或顺从以上4种孩子，就容易“落单”。也就是说，学习成绩不好的，不是班干部没权利的，不被老师喜欢或被老师忽略的，性格不厉害、不柔顺的孩子，在小学低年级时容易显得孤僻、没朋友。有些孩子甚至会故意联合起来孤立某个孩子。这些被打击、被欺负又没有其他足以支撑自己自信心的孩子，容易变得孤僻。有的孩子到中学后交到好朋友或加入小圈子，会好转；有的则会一直孤僻下去。

3.外貌、性别或家庭出身等身份认同而带来的自卑

这种状况常见于10岁以上的孩子。这些自卑有的来源于家里，如家中重男轻女等；有的来源于学校，尤其是同龄人的评价，如外貌、衣着、口音等都可能受到嘲笑和孤立；有的来源于家庭出身，如家里条件好而被同学排斥。

十二三岁的孩子开始特别重视同龄人的评价和接纳。这个年龄段及以上的孩子，几乎整个中学时代，都特别容易自卑。而这个年龄段的人际关系若处理不好，有时会影响孩子的后半生。

缠 人

妈妈做什么都跟在后面

缠人的孩子一般都在10岁以下，再长大些，家长想让孩子过来靠近点儿，孩子都未必来了。所谓缠人，是表面上看离不开妈妈（爸爸或任何家庭人员），让人误以为孩子和父母多么亲密，而事实上，亲子关系并不融洽，相互间时常埋怨、责备、要求、失望。妈妈嫌孩子黏人、胆小、不独立、不听话，孩子则嫌对父母的怨怼常常说不清而纠结在细节小事上。孩子哼哼叽叽的怎么都不行，令家长很无奈。

三四岁以下的孩子如果特别缠人，很有可能是依恋关系建立得不好，在与家长分开时表现出分离焦虑。具体可以参考“分离焦虑——不允许妈妈离开”。

如果五六岁及以上的孩子还是很缠人，尤其是在家以外的场所表现出怯懦、退缩，很有可能是以下4种原因之一造成的：

• 家长过度保护，过于溺爱，造成孩子包括社会能力在内的各方面能力都较差。孩子与他人联结不顺畅或不如预期，就只能“盯紧”家长，挫败的愤怒和不如意也发泄在家长身上。家长则感觉冤枉和失望，看到孩子的较差表现后会对孩子不满和责备，又没有好的办法改变过去的模式，支持和引导孩子。结果，恶性循环，孩子越来越缠家长。

• 过度焦虑或担忧、消极悲观、抑郁等类型的父母，容易把担忧、恐惧、无奈、无助传递给孩子，造成孩子对世界和他人感到怀疑和恐惧，不敢去探索和建立新联结，于是就只能缠住家长。

• 父母自身社会性不好或不喜好社交，孩子也会在人前显得无措或畏缩，因为孩子没有良好的榜样来模仿。如果父母再催促孩子去找人玩或批评孩子不会玩，孩子很难受又不知如何反驳或应对，造成孩子缠住父母而又怨憎父母。

• 父母（常见母亲）由于种种原因更需要孩子的爱和陪伴，而不是反过来。表面上，母亲辛苦照顾孩子，实际是期望孩子给予爱、认可、亲近、感恩等。这些信息孩子会接收到，父母也会有意无意地用言行争取，如对孩子说“你爱妈妈吗”“你现在说得好，早晚有一天你会跟别人更好、不爱妈妈了”“那个阿姨是不是比妈妈好啊”。孩子小的时候会表示只爱妈妈，可再大一些，孩子一方面需要与别人的联结，却搞不清妈妈对此到底是高兴还是不高兴；另一方面又觉察出父母更在意他的感情，于是便反制父母，控制父母。结果，亲子关系变得爱恨交织，缠在一起。

最后，提醒一些父母，别把孩子正常的对父母的依恋误解为孩子缠人。

曾经有个妈妈对我说：“我给孩子什么都买了，积木、学习机，可她就是不玩，非要缠着我。”“您有没有和孩子一起读绘本？”“有啊，读完一遍还让再读一遍，读完一本又让再读一本，没完没了，根本脱不开身。”

在孩子小时候，即便有三两个小伙伴，他们也会更愿意靠近妈妈，在妈妈的陪伴、参与或辅助下玩。真的能较长时间自己玩或者和小伙伴玩，要等到六七岁以后。家长下了班或遇上周末，也想放放松或者真的很疲惫没精神了，这些也是事实。可孩子也有要跟家长度过有质量的时间的需要。所以，家长必须调整自己的心态，平衡好个人、家庭和孩子的需要，协调好自己的角色。

攻击性强

爱动手打人

经常会有妈妈问，孩子爱动手打人，怎么教育都不管用，怎么办。也有妈妈这样问，邻居家的孩子太强势、爱打人，可是对方家长不管也管不了，而自己的孩子还愿意跟这些孩子玩，怎么办。

如果是2岁半以下的孩子，动手打人、推人或咬人，并不属于攻击性强。很多孩子在1岁半~2岁之间，会出现咬人、抓人、打人的行为，常常是因为他们的“无名火”无处发泄。他们半懂不懂，世界令他们困惑和挫败，“眼前的玩具为什么在另一个孩子手里，我也想要”“妈妈为什么还听不懂我，好生气”。有的妈妈说：“我讲道理了，也拍打过他的手想罚他，可全没有用。”孩子得有足够的经验才能听懂大人讲的道理。对于这个阶段的孩子打人、拍人、咬人的行为，家长要多制止，多重复说道理。如果孩子的行为特别过分，对别人造成伤害了，那么家长态度上要严厉，也可以进行打手、罚站等惩罚，但注意不要过度，因为孩子不是故意的。

这里讲的攻击性强，是四五岁以上直至十七八岁的儿童表现出的故意对他人的态度、语言、肢体动作上的攻击行为。如果发生在校园中，孩子就是校园欺凌的实施者。

攻击性强的孩子，情绪常常是冲动的、易激惹的。四五岁以上的孩子社会情绪的发展已打好基础，基本能同理他人，也能听懂不太高深的道理。如果孩子此时还出现攻击性强的行为，常常是以下几种原因造成的。

• 家里比较骄纵孩子。但并不是所有被娇宠的孩子都攻击性强，有的恰恰相反，在家里是“老虎”，在外面是“绵羊”。对比，家长可参见“孤僻——朋友少，不合群”。也有的孩子的蛮横会一直延续到幼儿园、学校，是因为这种行为让他持续获益，他不断地受到鼓励。例如，老师比较纵容他，或家长的势力和干预延伸到学校，老师不敢管他，等等。

• 被暴力的父母简单粗暴地对待的孩子，会养成单一的交往方式，动辄就用发火、暴力来实现目的。

• 被忽略的孩子或缺少人际关系引导、互动和观摩机会的孩子，有的会表现出用最简单、直接的行为达到目的，获益后行为被强化，逐渐养成暴力攻击的模式。

• 13岁以上的孩子，如果家庭的关注和管教缺失，学校教育也没有照顾到其行为品格的发展，再交友不慎，也会容易学坏，故意欺凌同学。

• 一些先天原因，如有的阿斯伯格综合征的孩子或智力发育有缺陷的孩子，会在自己的目的达不到时，推小朋友或打小朋友。有的多动症患儿会伴随品行障碍，有偷窃行为或暴力行为。

最后提醒大家一种隐性的攻击行为，就是态度或言语攻击。有的孩子虽然没有肢体的动作，但是出言谩骂或挖苦羞辱同学，纠集一些人孤立某个孩子等，这些都是攻击行为。这一类的孩子常常表现为霸道、爱生气、爱挑剔责备他人。年龄越小的孩子，其攻击性行为越与其被教养的方式相关，家长不可不慎重。

同龄人相处问题

与小伙伴的关系很不好

很多家长都担心独生子女太“独”了，将来与同龄人相处不好；也有的家长担心，家里虽有两三个孩子，但他们之间好像总在争吵，会影响他们在学校里与同学的交往。

这些担心是有理由的，但更重要的是，我们不要过度解读孩子在与同龄人（常常是同学）的交往中的一些表现，不要急着贴标签。

很多家长的脑海中有一幅理想画面，孩子们友好、和善、快乐地一起学习和玩耍，你谦我让，互相帮助，及时道歉处理纠纷等，又懂事又活泼，其乐融融。可惜，现实是，年龄在3岁以下的孩子只是凑在一起玩，他们会互相观察、互相模仿，也会抢玩具、推搡对方等。有时候，孩子可能会给别的孩子自己的玩具或者食物，但大多是听大人的话或者好奇而做出的，还不是完整意义上的“分享”“友谊”等有目的、有意识的社会交往行为。所以，这个时候的孩子如果表现得不如父母想象得那么友好、主动，甚至推人、抢玩具、胆小退缩，家长不要急着下结论说孩子与同龄人相处不好，也不要急着催促孩子要分享、要交朋友等。

青春期是孩子确立自我的关键时期，会有很多与同龄人（常常是同学）的认同与区分。孩子一会儿什么都要跟朋友的一模一样，一会儿又要凸显自我、特立独行。这种变化并不一定意味着孩子的同学交往不好。

至于孩子平时的恩怨情仇和打打闹闹，家长要先去分析、鉴别一下，其是已经反映出了孩子在同龄人交往中的一些固定模式，还是不固定的、随机的行为，是孩子在尝试不同的方法。如果孩子已经形成一些比较固化的、与同龄人交往的不好模式，家长需要多关注，调查原因并考虑如何调整。

一般说来，以下2类固定的行为模式必须引起家长关注：

• 攻击型的态度和行为，包括争强好胜、总要压着别人，总爱指责别人、挑别人的缺点，与学习好的或者班干部玩，嫌弃学习不好的，比较势利，搞小团伙孤立别人等。

• 畏缩型的态度和行为，包括自卑退缩、讨好他人、胆小恐惧、孤僻等。

多数情况下， 7岁左右也就是一二年级时，孩子就能表现出比较明显的同龄交往模式了。家长也许不容易知道，但细心一些的班主任差不多都能观察出来，形成印象。

下面，我们先来看第一类攻击型的态度和行为。

在小学低年级时，一些争强好胜的孩子以及爱指责、攻击别人的孩子，反而容易显得人际关系好、外向、有领导力，因为他们能吸引或者唬住一些孩子追随他们或者讨好他们，有时甚至会得到老师的喜欢和重用。也有的孩子是因为学习成绩好或者活泼外向，能管住其他孩子，而受到老师的喜欢和重用，从而逐渐变得争强好胜、爱欺压别人。

一般在三年级以下，家长、老师不容易发现孩子攻击型态度和行为的不好处，大部分同学会因为这样的孩子强势、学习好、受老师喜欢或重用而附和说他们好。但是，从四年级、也就是孩子10岁左右开始，被攻击、被贬斥的孩子已经有了足够的辨别能力和反抗能力了，会渐渐不喜欢这类孩子，减少与他们的往来。

我有不少案例都是，曾经的班干部到小学高年级后发现自己没有威信了，选三好学生得票也不多，在班里人缘变得不好，感到非常郁闷。可是大多数时候他们并不知道原因所在，会认为是同学嫉妒或者老师不支持他们。这些孩子的家长有时候能觉察孩子的情绪变化，有时候不容易觉察，而孩子很少会主动跟家长说这种“坏”事。即便家长发现了，也容易相信孩子的话，没有想到是孩子的攻击型态度和行为的问题，反而认为是其他同学或者老师的错，结果没能及时指导和扭转孩子的行为模式。很多孩子继续其争强好胜—欺压贬低别人的模式，直至后来遭受更大的挫折。

势利的孩子和搞小团伙的孩子更不容易被家长觉察，因为表面看起来他们是有朋友的，而且同龄交往主要发生在学校。有的班主任能够发现孩子的这类行为，但是要么没时间处理，要么认为不是必须处理，要么处理不当，如批评孩子。有的老师会将孩子的这类表现告诉家长，有的家长会重视，有的家长则会认为老师有偏见、针对自己的孩子。

势利的和搞小团伙的孩子表面看来有很好的同学往来，但是他们的朋友往往不是因友谊而结交。虽然他们会对想巴结的同学或者“团伙”内部的同学非常好，但同时他们也会对另一部分同学表现漠视、蔑视甚至强势欺负。同样，在大约四年级以后，越来越多的孩子会看清他们，不愿跟他们深交。我就曾经听一个五年级的孩子给我描述他们班的“势利眼”：“从一年级起，谁是中队长或者大队委，她就给谁带零食，一下课就搂着人家的脖子，搀着下楼。我们老师说大队委和中队长要轮换，一换人，人家不是班干部了，她就理都不理人家了。现在，我们班同学已经都看透她了，没人愿意跟她玩了。”

有的人会说，小学生不至于吧？大多数小学生不至于，但总有10%~20%的孩子在小学时就表现出上述一些攻击型的同龄交往模式，甚至不用专业人士，稍微心细一些的家长、老师都能发现。不过，最有感触的是孩子们，他们虽然未必能说清楚这类孩子的表现是什么，但他们能够知道自己是否喜欢他们，并在小学高年级能够自主决定是否继续跟他们玩。因此，家长可以从老师、孩子同学的反馈中，或者从观察孩子的情绪表现、孩子的叙述中找到蛛丝马迹。如果孩子处于小学阶段，家长要及时引导、干预，可以批评，但更多的是指导和帮助孩子建立正确的与人交往的方式。如果孩子处于中学阶段，家长要注意方式方法。中学的孩子已经有一定的自我认识和反思，家长尽量不要采取批评教育的姿态，否则容易引起孩子反弹，甚至恼羞成怒。最好的办法是告诉孩子自己的想法和看法，供孩子参考，摆明愿意帮助孩子的态度，但不强制孩子来求助或者认错。

可惜的是，大多数攻击型同龄交往模式的孩子，都有一位甚至两位强势攻击型的家长。孩子的人际交往行为常常是模仿得来的。家长如果不希望孩子形成这种模式，或者发现了这种模式希望孩子调整，那么家长首先要能够自我反思、自我发现、自我调整，改掉自己的攻击型态度和行为。

与攻击型的行为不同，畏缩型的行为是很多孩子一开始就有的行为和态度，尤其是刚入学的孩子，或多或少地胆小、自卑、困惑，从而导致畏缩的态度行为，向老师和强势的同学讨好。大多数孩子在熟悉了环境和同学后，能变得自信自如。但也有一部分孩子，由于种种原因，长期表现得自卑、胆小、孤僻，那就要引起老师和家长的注意了。

孩子讨好他人的行为比较不容易被发现，因为表面上看孩子和大家玩得不错，经常请客、给同学带礼物和吃的玩的、参加同学的活动等。但孩子的内心并不高兴放松，是患得患失的，生怕别人不喜欢他、不理他，因此会表现出焦虑，并不真的开心。对此，细心的家长是能够觉察到的。

有畏缩型表现的孩子，有的是因为困惑，不知道如何处理同学间的交往，尤其是遇到交往中的问题时；有的是因为胆小恐惧；有的是成绩、衣着、口音、家庭收入与地位等被嘲笑而自卑；等等。家长要具体问题具体分析，尽量帮助孩子建立自信，能够有办法去应对挑战。另外，不必非得要求孩子变得外向活泼、朋友多、受大家欢迎，有的孩子愿意自己独处或者只与几个孩子玩得好。慢慢地，孩子自己会找到自己的位置和朋友。

这里要提醒家长，有两种特殊情况的孩子也会表现出同龄交往上的障碍或者问题。

一类是有智力缺陷或者自闭谱系疾病的孩子，以及有比较严重的多动症的孩子。他们由于生理原因，跟不上别的孩子玩耍的节奏，或者不能理解交往中的情感互动，其他孩子渐渐地就和他们玩不到一起了。这种情况不怨孩子不会交往，家长应该为孩子选择更适合的环境和同伴。

另一类是智商特别高的孩子。他们会比其他孩子看得远、想得多，也很有可能跟其他孩子不合拍，玩不到一起去。这种情况下，家长也不要责备孩子不会交朋友、人缘不好，更不要催促孩子必须广交朋友。重要的是，养成孩子了解自己的需求、了解自己和别人的不同。不在一起玩不意味着就要互相歧视、仇恨，人缘好、朋友多也不代表人品好，也并非是人人必须达到的道德标准。

手足相处问题

老大和老二总打架

现在，越来越多的家庭要二胎了，有越来越多的孩子有了兄弟姐妹。有的家庭在是否要生老二的问题上会征求老大的意见，但这样做是不对的。

如果事先已经在老大心目中建立了“老二来了我的利益必然受损，父母都承认了，而且他们很对不起我”这样的观念，而不是“我的家是父母建立的家，我是父母的孩子，但不是唯一的孩子”这样的观念，那么老大的抵触、委屈、怨怪等情绪会自然发生，而且指向老二。有的父母为了安抚老大，甚至把老二放在奶奶家或者由阿姨带，更加强化了老大的不满，切断了两个孩子间的正常联结。

早在20世纪初，心理学和心理疗法刚开始建立的时候，奥地利心理学家阿德勒就认为家庭排行影响人的心理发展。家是人类社会的最小单位，由不同的人组成，各有分工、任务和权利。孩子们由于出生顺序不同，在认知和能力上会有差异，尤其在18周岁以前，因此在家里的分工、承担的责任、父母的认可与偏爱等各方面都会有差异。这些差异经过长年累月的积累和强化，会形成人格的基础或底色。

例如，排行老大的人，常常被委以重任，以“副家长”的姿态统领弟妹。这固然会发展出孩子负责、擅长管理等能力，也会养成专横等特点。排行最小的，常常最招人喜爱，但也常常比较散漫、不负责任。排行中间的有时会角色混乱。只有两个孩子时，则两人既是对手又是同盟。

有人说，在家里排行第几，不由自己决定，是听天由命的事。

实际上，家庭排行造成的社会性特点，只有在极端的情况下才会影响人一辈子。大多数情况下，离开家庭后，人会不断地与他人接触和磨合，不会只停留在一个固化了的层面。如果家长在早期能够给予孩子好的引导和支持，孩子的发展不至于变得刻板僵化。

兄弟姐妹间是不可能没有矛盾、没有纷争的，因为每个人的角度和利益都是不一样的。如果我们把这些冲突看成严重的问题，如果我们设定的和谐家庭和合格子女是其乐融融、从不吵架，那我们就会生活在深深的痛苦中。如果我们把这些冲突看成孩子社会性格发展中必然的联系，如果我们明白必须亲身体验这些正面的合作、友善、同盟、互助和负面的背叛、欺负、争抢、伤害等，才能真正明白并学会如何与他人相处和互动，才会把所有冲突与问题都看成成长的机会，因势利导，而不是责骂和惩罚。

如果兄弟姐妹间问题多、纷争多，家长要反思自己做得是否到位：作为这个人类群体的“领导”，自己是否公正；是否能根据每个人的特点和能力来组织和带领他们；是根据传统或某种理念认定老大必须如何，老二必须如何，男孩怎样、女孩怎样，还是会灵活地根据实际情况，赋予他们权利并满足他们的要求；是否能够做到团结，让每一个成员都有参与感和自豪感；是要发展他们每个人的能力，还是让他们变得听话、好管；当他们有纷争时，是充当法官做出是非好坏的评判，还是帮助引导他们找到最佳的解决方案。

如果手足间相处得不好，首先，家长不要责怪他们不友好、不善良、不团结，要了解他们就是这么磨合的；其次，家长不能不作为，他们需要家长提供引导和支持，让他们习得与他人相处和处理纠纷的能力，这其中考验的是家长的社会性，即家长与他人联结的能力。

亲子关系问题

好像不能好好沟通

不仅孩子到了青春期父母会抱怨孩子跟他们关系变差，有的父母在孩子两三岁时就开始苦恼孩子与自己的关系。

亲子关系是个非常复杂的议题，不仅因为“一个巴掌拍不响”，父母和孩子间的关系是互动的，很难说清谁主谁次；更重要的是，怎么才叫亲子关系好，父母和孩子各有不同的定义和标准。孩子小的时候，会认为父母随时在身边，什么都会给自己买、都答应，才是好；大了，他就会以为父母尽量离远点儿，需要的时候才出现，才是好。而父母自信无论做什么都是为了孩子好，孩子理应服从、尊重、信任父母。可见，双方对对方都有不同的期待和要求，这难免导致互相失望、有摩擦。

有的孩子从小跟保姆或老人待的时间比较长，已经形成比较固定的关系模式，一下子回到父母身边，会有很多不适应，亲子双方都不满意。家长需要有耐心，逐渐建立和孩子的正向沟通和关系，而不是抱怨孩子别扭、养成了坏毛病、不听话、不懂感恩、不爱父母等。

有的家庭里，夫妻间有矛盾，明里暗里拉孩子站队。小一点儿的孩子会表现出明显的爱憎，长大了会对双方都不够亲密。

亲子关系的基础是互相喜欢、互相尊重、互相信任。在这个关系中，家长是比较主动、主导的一方，但跟孩子的互动不能单方面进行，要注意孩子是否也回应了、给予了父母喜欢、尊重和信任。如果没有，家长要反省自己给予孩子的情感从内容到形式是否都正确。例如，父母认为是为了孩子好而教导他，但如果方式不当，会让孩子感觉自己被蔑视、被控制。一旦误解发生，不要看谁错了，因为可能都没有错，而是误会。双方如果都能去试着表达自己，澄清事实，不带预设和责备，而不期望对方应该理解自己、对方应该做出改变，那么沟通就会顺畅，亲子关系也会改善。

亲子关系一旦出现严重的问题，以我个人的经验，绝大多数时候，始作俑者和解决的关键都在于家长。不可否认的是，确实有太多家长过度控制，认为自己伟大，认为孩子应该更努力地理解自己、接受自己、听从自己，而不是自己去花工夫了解孩子。把孩子看成自己的附属品，看成下属、被教育对象的家长并不是少数，虽然这些父母的表现可能很温和、很风趣、很开明，但高高在上的虚荣心态是一直存在的。

也有的家长对孩子是纵容溺爱的，表面上看是家长顺从了孩子，实际上仍是通过对孩子的纵容，希望换来孩子的听话、爱自己，其本质还是交换，而不是真的爱孩子。孩子需要的是父母的引导和支持，因为孩子总体说来是依靠、仰仗父母的。父母若放弃了自己的“权威”角色，反过来表现为听孩子的，实际并不能满足孩子的心理要求和成长的需要。孩子未必说得清楚自己为什么不满，但会表现出对父母的抱怨甚至愤懑。父母对此会感到很失落，因为没有得到预期的孩子的回报，亲子关系当然不会好。

跟孩子接触不多、情感淡漠，当然也会造成亲子关系问题。有的家长是因为工作太忙，碍于实际环境和条件，与孩子接触不多；有的家长是因为自己不会表达对孩子的情感，孩子接受不到爱而以为没有爱，因此关系差。

有一部分父母，自身有比较严重的心理问题，不是合格的父母。我曾遇到过一个母亲有精神分裂症的倾向，还有一个家庭夫妻俩都有较严重的人格问题。他们自身、自己的生活都没有搞好，又何谈给予孩子正向的情感，建立亲密的关系。

社交性差

在公共场合表现不得体

有的孩子在朋友、同学、邻里亲属的小圈子可能表现得还差强人意，可到了公共场合，便旁若无人、喧哗吵闹，甚至做出损人不利己的事情。

也有的孩子在建立新的关系时，无论是被介绍给父母的朋友，还是被介绍给同龄人，都会言行不得体，礼貌和礼仪表现不足，或者过于胆怯、拘谨。其中有的孩子自来熟，不把别人当外人到了让人感觉有攻击性的地步；也有的孩子表现得十分畏缩或手足无措，搞得大家都尴尬。

有的人说，等孩子大了自然就好了。没有什么是自然就好了的，是孩子自己也感到异样，感到了难受、尴尬，然后自己在想办法学习改变。

我特意把这一条列出来，是提醒家长，我们自己在公共场所的社会性也不是那么好。一般情况下，我们面对熟人就会礼貌一些，行为自律一些。这不仅是出于对他人的尊重，更多是维护自己的面子，显示自己的修养，赢得别人的夸赞，至少别得罪别人。可到了陌生的情境，我们就不再担心面子问题了，视若无睹，想怎么着就怎么着。

一篇报道称，有人专门统计了小区大门开门后，为后面的人留一下门的人数。70%以上的中年人和青年人会留意一下后面是否有人，如果有人，会为后面的人扶一下门。但是，自己能做到和主动引导孩子做到这些细节是不一样的。我们有时会以为孩子还小，没有主动去解释，有的时候，传统环境的力量太强大，我们只说几句不管用。

有的家长会问，与陌生人建立关系、对公共场所他人的尊重，对孩子能有多大影响。

大学生、留学生与室友相处差，就有这方面的影响。职场上要面对的各种关系，就有很多是这种关系。留学生在国外遇到的很多歧视和挑战，更多的是与一个人的公共表现相关。希望本条能引起家长的重视，让自身和孩子都建立起现代文明下的人际关系模式。

早恋

心不在焉，迷恋异性

尽管现在大多数家长对早恋不再视为洪水猛兽，但是担心早恋发生或一旦发生却不会应对的家长大有人在。

有的家长发现，很多小学生满嘴的恋爱术语甚至违禁的话，担心孩子小学阶段就开始早恋。这些年来，我也接触过几个小学阶段就对异性过于迷恋的案例，但这些并不是真正意义上的异性恋。例如，有一个孩子出自离异家庭，一个孩子的母亲患有抑郁症，他们都特别渴望得到亲密的情感联结。剩下的几个主要是为了好玩、逞能，在大家的起哄下，声称跟谁交朋友了，其实并不明白“交朋友”“谈恋爱”是什么意思，孩子产生的情感与早恋并不沾边。

大约在初中的时候，不少孩子开始经历暗恋，有的是暗恋影星歌星，有的是暗恋生活中真实的人物。这种暗恋与友谊是不一样的，是排他的、私密的、深刻的情感。初中阶段的很多暗恋或早恋，与追星背后的身份认同是一致的，更多是因为仰慕对方身上的某些特征或品质，希望自己也具备或达到这种状态，更像是去爱自己的理想或理想中的自己。也有很多情感缺失或情感不畅的孩子，会从早恋中获得亲密关系，希望被爱多于去爱。当然，也有不少孩子是为了赶时髦或者逞能、好奇，声称是恋爱，其实并不懂其中的意义。最后这种情况最容易被人利用。

一般要到了16岁以后，人才发生真正的恋爱。家长担心的会影响学习或者有可能发生性行为的早恋，主要指的是这一种。面对这种情况，家长可以尝试以下方式：

• 孩子小时候（12岁以下）如果说起男女朋友、追女孩什么的，不要逗孩子，或将这些当笑话去强化，让孩子以为这些是有趣的话题。我见过有些家长，要么掩嘴笑，要么津津有味地逗孩子继续说，说得越离谱家长越开心；有的家长当着孩子的面给别人学说孩子的话，引为笑谈；有的家长如临大敌般让孩子闭嘴，却又讳莫如深地不给孩子解释为什么；有的家长自己想多了，对孩子一通批评教育，反而让孩子知道了很多信息。不管哪种应对，都会强化和刺激孩子。家长最好的办法就是淡定地听着，跟孩子说起谁迟到了、谁打人了等事情一样的态度，也可以机智地问问，摸摸孩子的底，再看自己是否需要干预以及怎么干预。

• 国内影视不分等级，只好家长自己分级。如果孩子会上网，家长更要留意有些搜索引擎和网页。孩子平时读的书、唱的歌等家长也多些关注。不是去检查和翻看孩子的东西，而是多一些心思去了解。我见过有的家长搂着孩子一起看宫斗剧，遇到上床啊、生孩子啊就去捂孩子的眼睛和耳朵；有的家长搞到孩子的QQ或社交网站密码，像过去的家长查看孩子日记一样去查看孩子上网痕迹，又做得不严密，被孩子发现。其实，只要家长细心，心思放在孩子的事上，就会发现孩子早恋在情绪和注意力方面的变化是非常明显的。

• 一般在12岁左右开始给孩子讲性知识比较合适，讲什么、怎么讲，家长最好不要亲自上阵。在国内，学校的心理卫生课有很多是应付差事。所以，家长如果希望主动给孩子提供靠谱的性知识，留心找一下资源还是找得到的，包括心理咨询师的专门咨询和讲解。具体的可以见下文。

• 最重要的，还是要建立良好的亲子关系以及婚姻关系，不要让孩子从早恋中寻找替代性的情感补偿。夫妻间的关系与互动，也会让孩子习得良好健康的异性相处模式，就算有早恋也不会造成伤害或遗有后患、被人利用。

• 如果家长不同意孩子早恋，那么最好表明立场，积极沟通。仅靠压制是没有用的。如果已经有严重的后果发生，家长首先要做的不是去告诉孩子“你看你错了吧”，而是先去妥善处理，之后再与孩子一起总结教训。

附：如何对孩子进行性教育

性教育分为性安全教育、生理卫生教育和性别认同教育。

提起性教育，有些人认为其就是为了预防、遏制性侵。这个看法是偏颇的，只强调了一部分性教育的作用。家长可以试着站在孩子的角度看一下，无论是学龄前还是学龄后，在遇到性骚扰或者性侵犯的时候，就算明明知道对方是在犯罪，孩子能够怎么办？尖叫、反抗，然后呢？如果这个成年人比较胆怯而且所在的地点容易被人发现，可能这样做能够制止他的行为，否则孩子还能怎么办呢？

如果想有效遏制性侵，最主要的是要完善立法和加强惩罚措施和力度，这是成年人应该做的事情。性教育是必需的，但是如果为了抬高几本性教育的绘本或者性教育的微课销量或者名气，却忽略了最应该由成年人来担当的对法律和执行法律的重视和呼吁，那是舍本逐末。

而且，性教育是一个太笼统的说法，细分起来，应该至少有性安全教育、生理卫生教育和性别认同教育3部分。

1.性安全教育

我遇到的曾经遭遇性骚扰和性侵的来访者，有的是在五六岁的时候，有的是上学以后，但这些来访者在回忆起当年的事件时，无一例外都提到自己不好跟家里人说。也就是说，他们在这个世界上，找不到一个人可以信任和仰仗。

有个女孩曾在四年级的时候被人侵犯了，她这样对我说：“那个叔叔跟我爸爸妈妈是同事，就住我家楼下。事情发生后，他和我爸妈照样串门聊天。我不告诉我妈的原因是，她知道了以后很可能会骂我不懂事，而且她一贯对外人和颜悦色，对家里人厉害，我感觉她是害怕那个叔叔的，跟她说了她也未必有胆能做些什么。而且，如果让我和那个人对质的话，我肯定做不到清晰坚定地把发生了什么说清楚。不跟我爸说的原因是，我就从来没有把自己的事情跟爸爸说的习惯，他总是特别忙，有空了也是跟哥们儿喝酒，只知道给我买个东西或者跟我逗逗嘴，我的学习、生活等所有的事都是我妈管我。但是，我的表现肯定是不一样的，再也不去那个人的家里玩了，好几天闷闷不乐，爱发脾气，看见那个人也不打招呼，那个人要是来我家了我就跑出去。不过，我爸妈没有看出来我的变化。"

一个30多岁的女性告诉我，她在5岁的时候被人性侵了："当时我就像被施了魔法一样，他让干什么就干什么，虽然小也知道这样不对劲，可是那个人的表情和说的话太不同一般了，我从来没有遇见过这种情况，根本就是傻了、蒙了。跑回家以后，我又害怕又感到羞耻，有一种说不出来的感觉。正好赶上爸妈下班回到家，忙着做晚饭、吃饭，他们谁都没有注意到我的异常，我自己好像也故意装作没有什么事的样子，也不知道自己为什么要装没事。但不可能没事，那天的情况算是印在我的脑子里了。"

一个上初中的女孩告诉我，是她妈妈的男朋友对她性骚扰，也没有做什么具体的侵犯，就是会撩一下她的裙子或者摸一下胸、拍拍屁股，说小姑娘长大了。她妈妈要是看见了，就半真半假地开玩笑骂一句她的男友，但是对孩子没有任何说法，就像什么都没有发生一样。

一个男性来访者告诉我，他7岁的时候，有一次跟着邻居叔叔去看露天电影。电影开始前，人声嘈杂，那个叔叔在他耳朵边说了好多话，他记不清了，当时也听不懂，但是后来随着年龄增长，他才逐渐明白那些是关于性方面的不好的话，因为他一直记得邻居脸上那神秘、猥琐的表情，自己的感受则是不知所措而又深感恐惧。回家后，他有没有什么变化已经不记得了，家里父母忙而且孩子多，不会发现他有什么异样，但自己的行为上是有变化的，从此远离了那个邻居。

案例还有很多，其中最重要的一点是，孩子都出于种种原因，没有跟家长说，家长也都粗心没有观察到孩子的异常，或者观察到异常了却没有深究是什么原因。这里反映的，不是孩子不知道这件事不好，即便没有接受过性教育，孩子也有基本的判断，而是事发当时、当场该如何应对以及事后一定要告诉父母这些基本的事情，孩子却不会。

关于性安全教育，总结以下几点关键：

• 对于12岁以下的孩子，不用像讲生理卫生那样，把性行为讲得那么清楚，孩子记不住、理解不到位，反而可能产生误解或者恐慌，变成对所有的亲人都持防范的、害怕的心理和态度，这不利于孩子人际交往模式的正向建立。家长要告诉孩子“背心和短裤遮住的地方，是私密的地方，谁都不许碰，隔着衣服都不行，只有爸爸妈妈给你洗澡的时候是可以的”“如果有人碰，就大声喊‘住手’‘走开’‘我不喜欢你’，最好赶快跑开，去人多的地方，见到爸爸妈妈或者老师后，要把这个事情告诉他们，他们一定会帮助你”等，让孩子遇到事情知道怎么保护自己。

• 一定要对孩子再三强调，警察、老师、爸爸妈妈是一定会保护他的。不论是熟人、朋友还是亲戚对他做了什么不好的事，或者让他产生不舒服的、怪怪的感觉，一定要告诉爸爸妈妈，因为爸爸妈妈永远站在他这一边，永远会为他说话、帮助他。

• 不能总是指望孩子能够应对得恰当，学了性教育就会处理了，就是大人学了一肚子防性侵的理论，一下子遇到性侵，也不能保证自己应对自如。所以，家长要承担一定的责任，成年人必须做得更多。家长要多关心孩子的日常生活，让孩子感觉爸妈是贴心的，愿意跟父母说心里话，尤其是重要的、特殊的事情。这涉及父母和孩子间平时的互动模式和亲子关系，涉及家长自己是不是对孩子的状态有过观察、了解，能不能及时发现孩子在情绪和行为上的异常表现，并能够以正确的方式找到原因。我遇到过高二女孩怀孕5个月父母都没看出来，还是老师先看出来的案例。当父母的要细心和耐心，这一点也是最重要的。

2.生理卫生教育

生理卫生教育已经有各种达人和专家所著的书、各种绘本、各种别的国家的经验，五花八门，种类繁多。这里只提醒大家一点，无论是我国还是欧美国家，生理卫生教育基本都是在小学六年级、孩子十一二岁的时候进行。学校里如果不讲，会让孩子自己回家看，或者学校里讲得不好，那么家长必须站出来讲或者给孩子找一些视频看，现在这类资源挺多的。孩子这个年龄必须接受正规的、严谨的生理卫生教育。如果学校里讲得很全面，家长可以针对孩子还不了解的，从生活习惯、生活细节等方面给予补充。

我不建议家长看了呼吁性教育的自媒体文章后，认为某一天该进行性教育了，就像学校上课似的，拿着绘本或者课本对孩子讲。家长给孩子讲这些不用那么正式，最好是随着孩子长大，逐渐地、点点滴滴地根据孩子理解的程度来讲解。刻意地把这件事当个大事来讲，恰恰说明家长还没有真的把性看得自然平常。这里给出几点建议：

- 学龄前的孩子如果问到结婚、生孩子是怎么回事，想知道自己从哪里来的或者问小弟弟、小妹妹怎么生出来的，家长可以用比喻、类比的方式讲解，如开花结果等。家长要随意、轻松地讲解，不必纠结于用没用术语，说得规范不规范，重要的是以孩子的认识和经验水平为准，使他明白这些事。否则，一堆术语会搞得孩子更困惑。不要指望孩子一下子就把世间的真理全都正确地学到，这是不可能的。

- 抓住生活中的机会。例如，女孩看到妈妈经期流血，男孩跟爸爸洗澡时注意到了小丁丁，或者孩子看到妈妈晾晒的文胸，问了起来，家长都可以趁机及时地给予讲解。

我女儿三四岁的时候，一次家里保姆给她换衣服，她站在床上，两只小手一伸，碰巧抓到了保姆的胸。保姆当时还没有结婚，满脸通红地躲了一下。她这个表现反而引起我女儿的注意，就故意伸手去抓。我当时正好在场看到了，过去制止了她，让保姆先出去，然后告诉女儿，这个地方是所有人都有的，女孩长大了就会长大，男孩不会。我还告诉她："这里以后是给小宝宝喂奶的地方。保姆阿姨长大了，要为给宝宝喂奶做准备了，你以后长大了也会这样的。这个地方绝对不能被人摸，所以你摸保姆阿姨是不对的，不能再摸了。记住了，你也不能让别人摸你这里。"我女儿一直对我的话是听的，尤其是我郑重其事地告诉她的。后来，她再也没有摸过保姆，但是开始观察我和保姆。过了几天，早上穿衣服的时候，她说："等我长大了，我也要穿你和保姆阿姨穿的那种奶衣服，穿完奶衣服再穿裙子。"因为没有人告诉过她"文胸"这个叫法，平时大家也不说这个词，所以她一直不知道怎么说，就自己发明了这个词。这又是一个增长她认识的机会啊。我对此的反馈是，先肯定她说得对，有很多事情是长大了才发生、才要做的。我还说："等你长大了，需要穿的时候，咱们一起去商场，挑你喜欢的。"然后，我告诉她奶衣服的正确名称是什么，并且告诉她，这个词只是咱们女孩自己知道就够了，用不着跟所有的人去说。

类似的情况每家都会遇到很多，这就是对点滴细节的注意，而不必某天正襟危坐地对孩子讲生理卫生知识。如果孩子长到十一二岁还对生理知识一无所知或者满嘴胡言乱语，那是家长的失职，跟性教育本身关系不大。

- 不要把所有事情都归因于性教育。现在北京地区的女孩普遍在10岁左右初潮，到了十一二岁，也就是五六年级的时候，大多数女孩就都已经出现了月经，穿文胸也差不多是在同样的阶段。女孩的性征出现得比男孩要早。有的人曾经说自己小时候没有接受过性教育，“大姨妈”来了都不知道该怎么办。但这不是性教育的问题，这是父母对孩子的生理卫生教育不及时，而且对孩子的养育方式也有问题。

3.性别认同教育

性别是一个人作为男性或女性的社会和文化身份，除了先天的差别，社会习俗中形成的一些性别偏见和歧视在小学阶段就显示出来了。一些美国心理学家在1983年、1990年、1993年等多次分别做过大规模的调查，结果显示，幼儿园高年级和一年级的女孩已经自认为在数学上不如男孩，小学阶段大多数的孩子已经笃定地认为女孩文科好，男孩理科好。成人阶段呢？心理学家黛博拉·贝斯特（Deborah Best）做过一个调查，她让一些大学生评价一篇关于太空科技的论文。这篇文章对于非专业的人来说，要读懂是有点儿难度的。结果，同一篇论文，把作者的署名写成一望即知是男性时，得到的评价就很高，把作者的署名写成一望即知为女性时，获得的评价就低，没有条理、论据不充分等评价就来了。

这种对于性别的社会刻板印象，会影响到孩子的学业成绩和社会交往的行为表现、自我认知和身份认同、自信心等各个方面的成长。很多女孩就是因为“女孩学不好数理化”或者“女孩数理化成绩好就没有女性魅力”等传统观念的影响，不相信或者刻意压抑自己的理科天赋；很多男孩又因为数理化不好，被说成“不如女孩”，而抬不起头来。

有调查显示，受教育程度越高，性别歧视或刻板印象就会越少。我们在给孩子进行性教育的过程中，性别认同教育内容与生理卫生教育同样重要，因为它影响的是一个人的心理和人格的成长。在家里，家长给予孩子的性别角色的影响是潜移默化的，更加需要家长有意识地去想一想，自己传达给孩子的是什么样的信息。

下面总结一些常见的、容易给孩子带来负面影响的性别认同问题：

• 太明显的重男轻女。不要以为只有农村才会重男轻女，我遇到的几个案例，有好几个都是城市家庭的。这些家庭，家里生活条件不错，而且父母都有文化，却不仅对孩子是重男轻女，而且女性在家庭中的地位极低。这种家庭里长大的孩子会有一段时间心理和行为上有明显的不适或者扭曲。这种情况无法给予具体的建议，当然家里如果能够不再重男轻女，就能解决这个问题。如果做不到，那就要根据孩子的具体问题来解决了。

• 过于强调男女性别角色的不同。即便有些事家长认为是正确的，也要避免做得过于刻板。例如，男子汉要坚强。事实是，无论男孩女孩，都需要拥有勇气、坚韧、自我安慰和鼓励等品质和能力。例如，女孩要细心、温柔。事实是，所有的孩子都要学会温和、友善、细致。与其强调男孩如何女孩如何，不如强调作为一个人所应该拥有的修养、品行和能力。

• 对女孩尤其不要强调“我们要证明给人看我们跟男孩一样，甚至比男孩更好”这种观念。这句话背后是一种预设的“别人看不起我，对我有偏见”的看法，推荐的行为也是为了“证明给别人看”这个目标，这样孩子努力的目的就跑偏了。我们是为了自己的价值和卓越而努力，不是为了证明给别人看。我见过太多的女性，在家里或者在工作场所，总是充斥着这么一股提着一口气、争这一口气的感觉，让人亲近不起来，也引发不了别人的尊重。

• 不要过度强调男女都一样、男女绝对平等。男女在生理上是一望而知的不一样，在一些心理行为的表现上，男性整体特征和女性整体特征也确实有不同的地方。例如，男孩在学校表现出比女孩更强的攻击性，更热衷于追跑打闹；在处理问题上，高中男孩倾向于暴力解决，而女孩倾向于背后说坏话和孤立对方；女孩在阅读理解和言语流畅性测验中比男孩有微小但持续的优势，男孩在视觉或空间能力测验上的表现优于女孩；在数学上，女孩的计算技能优于男孩，男孩的解决策略优于女孩。这些差别真实存在。自闭谱系患儿的男女性别比例是5∶1，也说明基因上男孩女孩存在差异。过度强调一样而否认差异，等孩子大一些就会不认同了。与其否认差异，不如承认整体表现的不同，也要注意个体差异，认识自己的特点，了解自己的能力，这才是最重要的。

• 警惕自己潜意识里的性别差异观，多做自我觉察。我有一个学员，在学习工作生活中各个方面都很优秀，先生对她很信服，家里一儿一女都带得很好。她自己也是强调男女在人格上是平等的，夫妻俩基本做到很好的分工合作，工作和生活配合得不错。但是，她常常对先生感到不满，觉得他不够负责有担当，潜意识里还是希望男人当家做主。当她先生真的有什么意见或者做了什么决定，她又立刻要挑挑毛病，总是想最后证明“还是要由我来把关，你一个人不行”，而她自己一直没有意识到自己的表现是拧着的。潜移默化中，女性或多或少接受了长久以来男尊女卑的思想，而意识层面，女性又证明自己在各个方面都不差，因此会有不公平感产生，会想办法证明自己还是比男性强。结果就是有些女性很纠结，一会儿指望男人来做主，当一家之长，自己只要辅佐就好；一会儿又要证明男人没有什么了不起，自己就是比较高明；一会儿要男人哄着自己，给自己送礼物捧着自己；一会儿又要逞威风，让男人来道歉或者颂扬自己的功绩；等等。希望妈妈们好好反思一下，自己是不是也有这种纠结。如果有，要尽快自己解决好，否则孩子也会被潜移默化地影响。

Part 4

了解儿童身体问题背后的心理

当遇到紧张的刺激令我们不舒服、无法应对的时候，我们会尽力回避，同时找些事情来转移注意力。可孩子没有那么多经验和资源去利用，而且他身不由己，没有能力也没有资源去做我们成人能做的事，于是他就只好利用他唯一的资源——身体。更何况，当我们紧张时，身体是有反应的。敏感的孩子不仅能觉察到身体内部器官的内反应，更会因反应过度而导致身体功能出现非器质性问题。

抽动症与抽动秽语症

无缘无故地耸肩眨眼

知道“抽动症”这个名词的家长越来越多了。孩子经常眨眼或无缘无故耸肩，不少家长都会怀疑孩子得了抽动症，开始上网查找相关资料。如果没有具体的原因，如眼睛没有炎症却不断挤眼睛，不需要举胳膊却时常抬举胳膊，肯定是异常的，但是否到了“症”的地步，却不是非医疗人员能下结论的。如果家长真的担心，直接去儿童医院神经科门诊，要比自己在网上搜资料、查信息靠谱得多。

从社会心理的角度看，除了癫痫或脑功能障碍造成的抽动外，几乎所有的抽动行为和抽动症都有非常重要的心理因素起因，其中主要的起因有如下几点。

• 模仿别人的行为。当某人的行为引起孩子害怕、好奇或羡慕时，孩子容易有意识甚至无意识地去模仿。

一个小学四年级的男孩，每次被叫起来回答问题时，都要先迅速眨几下眼再使劲挤一下，引起大家的哄笑。这个男孩开始是故意这样做，想逗引大家笑，可后来想改都改不掉了。班上也有四五个孩子跟着学，其中有两个孩子很快就不再学了，另外两个持续了1个月左右才改掉。

还有一个5岁的孩子，有一次妈妈要出门，他非要跟着，妈妈不让，他就拽着妈妈闹。不小心，妈妈的头撞到了柜子，妈妈就顺势说自己死了。孩子很着急，过来扒她的眼皮，扒开了妈妈又闭上。孩子用手使劲撑着她的眼皮，她就翻着白眼一动不动。后来孩子真的害怕了，也不跟她出门了。可从那以后，孩子就经常没事的时候翻白眼。

• 生理原因，如看手机时间长了，眼睛干涩，或乳牙活动了，总是去舔，有时也会导致抽动。

• 缓解无聊或紧张。有的孩子由于外部环境或养育方式的原因，常常感到紧张。例如，父母经常吵架，家长经常责问等。有的孩子则因被忽略或环境单调，不知道该干什么而感到无聊。这些情况下，孩子容易无意识地重复一些动作来缓解不舒服感。

一个10岁的女孩，爸爸工作繁忙，经常不回家。女孩的姐姐在4年前因车祸去世后，妈妈的精神状况就一直不太正常。妈妈不敢跟孩子玩闹，不敢靠近孩子，同时又特别担心孩子，怕冷着、热着、渴着、饿着，物质关怀无微不至。她还不让孩子下楼玩，不让孩子去别人家玩，也不让别的孩子来她家。孩子有一点儿问题，如感冒、磕破点儿皮等，妈妈一方面如临大敌，另一方面又会不断埋怨孩子不小心、不听话。这个孩子只要无事可做时，就会感到心慌，并四肢抽动。

• 刺激过强。

一个3岁的男孩，长得比较瘦小，妈妈决定给他注射生长素——在肚脐眼旁边打针。每次打针前，孩子都用各种办法拒绝，有时藏起来，有时满屋跑，有时哀求，有时哭闹……最长的一次，妈妈劝了近2小时才打上针。孩子经常玩着玩着，无缘无故地就抽两下肚子。

还有一个近3岁的男孩，修牙的时候没有打麻药，怕麻醉后影响不好，爸爸妈妈按着他的头和胳膊把牙修完，之后孩子就经常晃肩。

• 被压抑的愿望。前面举的两个例子中，就包含对孩子不打针、不看牙的愿望的压抑。

一个10岁的男孩，天生智力上对数学就不敏感，智商总分只有75分。但家长没弄清原因的时候，就只给孩子恶补奥数，每天都要花几小时在数学上。这个孩子后来有明显的抽动，一方面是因为紧张的时间安排和家长的督促令孩子不安，另一方面是因为孩子真心不愿做题。

还有一个6岁的女孩，小时曾因大便干燥，两三天不解大便。妈妈上网查到的信息是，孩子饭后2～3小时就产生大便了，于是每天晚上8点都督促孩子大便。无论孩子当时在干什么，她都必须去马桶上坐着。几个月的训练后，孩子真的能做到每晚8点大便了，但却发展出挤眉弄眼、摇头的重复行为。

• 适应新环境时缓解紧张、焦虑或困惑。外界环境有大的变化时，不要说孩子，就是大人都需要一段时间来适应。在陌生的地方、面对陌生的人时，孩子会更警觉，不放松。

一个5岁的女孩，在3～5岁的两年间，因父母工作变动，换了三座城市居住，转了4次幼儿园。在新幼儿园2个月，孩子出现抽鼻子撇嘴的习惯性动作。

还有一个8岁的女孩，从1岁起就陪她的保姆因老家有突发事件，没跟孩子道别就走了，而且几年内回不来。保姆走后1个月左右，孩子出现经常挤眼的行为。

上面列举的这些诱因，有的是单一原因，有的只是导引事件，孩子的环境和养育方式还有更多、更深层、不易被察觉的不利因素。再加上孩子的年龄、性别和先天气质、体质不同，有的孩子不用干预或家人稍作努力就好了，有的却发展成神经抽动症或抽动秽语症。

儿童时期，大脑神经系统都处在成长发育中。长期的紧张造成抽动，抽动造成更多的紧张或紧张持续累积影响神经系统功能，形成恶性循环。很多孩子不仅需要心理行为上的矫治和治疗，还需要服药等生物性治疗。一般来说，如果抽动行为重复3个月，且不论场合随时发生，孩子自己想停止却无法控制，家长必须引起重视。

抽动症除了常见的面部、四肢的抖动外，还有喉部发声的症状，像打嗝或者尖叫，也有的连续“啊啊啊”的发声或咳嗽一样的发声。个别10岁以上的孩子，还会伴发不自觉的脏话，或怪词、不雅词一连串地说。需要注意的是，孩子都是无意地、无法控制地说出这些话的。

得了抽动症的孩子及其家庭，都有如下一条或几条共同特点。

• 孩子先天属于敏感、谨慎型气质，体质较弱；有的孩子是早产儿或3岁前经常生病。

• 孩子比较聪明，对外界的观察和感知较强。有一个孩子1岁半就对地板上的花纹感到害怕。另一个孩子2岁多的时候能根据咳嗽声判断出家里的成员。

• 父母至少一方特别关注孩子的身体健康，担心孩子生病，采取很多预防措施。孩子一旦生病，其会非常焦虑，寻医问药，每天念叨很多遍。

• 父母不和，经常吵架或冷战，争执的原因很多是关于孩子，甚至当着孩子面提过离婚，或孩子说过担心父母离婚的话。

• 父母中一方工作忙，经常不在家或早出晚归见不到孩子，家里的气氛冷清、单调。

• 家中人口较多，如和老人同住，有保姆等家庭服务人员，造成家里表面上人很多，大家都喜欢孩子，但实际上孩子不能与其中某个人建立稳固的、深刻的关系，尤其不能与母亲形成亲密的、信任的、依恋的关系。

• 秽语症和喉部出声的孩子常常积累了很多愤怒。人脑中形成语言的主要是大脑左侧新皮层中的布洛卡区，并辅以右脑几个负责想象、理解意义的区域。而说脏话、骂人时，这几个脑区并不活跃，是边缘系统（情绪产生和记忆的部分）更活跃。可见，说脏话、骂人是愤怒情绪的表达。

愤怒常常由两种情况造成：一种是受挫，达不到目的；另一种是被攻击、被挑战的时候。

一个患秽语症的13岁孩子，一直不满意父母更爱老二，一直认为父母偏心而且弟弟总是做错事，欺负他。父母认为是他太不懂事，对弟弟不友好，一般他告状总是以批评教育他为终。这个孩子进了诊室的门往那里一站，我就看出他的眼神里、嘴角边都是气哼哼的样子。

另一个喉头发声的6岁孩子，平时主要由保姆带。他对保姆态度不好，但父母认为保姆还不错，有文化，干活麻利，常常教训他不许对保姆不礼貌。而据我观察，一方面保姆尽量顺着他，不让他哭闹；另一方面，保姆对这个任性的被惯坏的孩子真心喜欢不起来，常常暗暗让他吃些苦头，如故作听不见他叫阿姨，他要吃的菜以他父母不让吃的名义不给他做等。这个孩子给人的第一印象就是焦躁，不能顺畅地与别人交流。

如果深入考察的话，我们会发现，患抽动症的孩子常常处于非常矛盾的处境中。

• 关注VS忽略。父母好像很关心孩子，尤其是孩子的身体，甚至到了恐惧、焦虑的地步，但是却忽略孩子作为一个弱小的、正在成长的生命的基本需要，也忽略了孩子的自主性，以及对依恋关系和指导、支持的需要。

• 依赖VS惧怕。幼小的孩子仰仗的只有父母，保姆、姥姥、奶奶等人就算对孩子再好，也替代不了父亲、母亲。可是在很多家庭里，孩子对父母是畏惧的。在孩子困惑或遇到困难时，父母不能及时给予解释、指导或力量，反而在琐事上喋喋不休。虽然简单粗暴的父母越来越少了，但是过于放手的父母，用大道理教孩子却无视孩子实际情况的父母，以及用罚站、反省等冷暴力方式处置孩子的父母越来越多。

• 任性妄为VS惶惑无主。不少孩子的外在表现是特别执拗、不听话，要求父母必须顺从他。而实际上，孩子的内心是很茫然的。每一个孩子都期望并愿意相信自己的父母是又强大又智慧的人。可惜，父母由于时间、精力更多地分配给了工作，或者太疼爱孩子，自我矮化到孩子的仆从地位，又或者读了很多亲子育儿的书，了解一般孩子的状况却不了解自家孩子的状况，不能给予孩子令其信服的指导或支持。久而久之，孩子变得不再相信父母，父母想管却已经来不及了。有时，孩子的任性恰恰是其内心惶恐的表现，只有达到他的目的，他才感到满足、安全。

• 想法很多VS不能、不可以。很多孩子想象力丰富，他们的想法很天真，有时会不切实际甚至错误。父母有时不能帮助孩子去修正、落实或享受他们的想象，而常常简单地批评或制止，由此失去了解孩子、支持孩子的机会。孩子失去了发挥想象力、学习与交流的机会，亲子关系还被破坏了。孩子感受到挫败和被抑制，而且永远不知道如何让自己的想法更切合实际，考虑得更周到。

综上所述，后天的环境和养育方式会造成孩子的异常状态，时间久了，再加上先天的生物学因素的影响，小小的习惯性动作就会发展成神经症。

那么，家长如何及早干预、及早调整以及配合治疗呢？

常常有人分享经验，说自己家孩子也有一阵子挤眉弄眼的，不理他、不管他，过一阵子就好了。这个说法也对也不对。有些孩子是因模仿他人或外界较轻的刺激引起的抽动，那么家长不去理他，不去强调、强化这个行为，孩子逐渐觉得没意思或又有新的替代，逐渐适应了环境等，确实可以“自己就好了”。但如果不是这种情况，那么家长不理会只会让孩子的情况恶化。当孩子刚开始表现重复行为时，父母确实不要大惊小怪，表面上不理不管，暗地里却要查找原因。前面列出的原因已经很详细了，供大家参考。家长在能力范围之内，尽量主动调整、应对，注意观察效果。如果重复行为持续一个多月没有变化，最好带孩子及时去医院咨询。

需要注意的是，家长不要进行“非黑即白”式的调整。很多家长听说是养育方式的原因，表示“知道了，回去改”。而他们改的方式是原来管的现在不管了，不说了；原来纵容的或者忽略的，现在抓起来。且不说能不能做到位，一个人几十年形成的认知模式和行为模式以及情绪的诱因和表达方式，不是说改就能改好的。家长最多在行为上改，而对孩子的看法、教养理念和态度，家长自己的情绪和言行模式等，不是一下子改得了的。然后，家长就会说，“我已经改了，可是没有用，这孩子没救了”。

现在的时代特点、家庭结构、居住环境、消费观念、邻里亲友的关系与往来、生活内容等与过去相比发生了改变，很多家长没有足够的智慧去把握生活的本质，不能将自己的世界建设成平衡的、宁静祥和的世界。而在家长的世界中栖身和成长的孩子又怎么会不被扰乱呢？说到底，家长自身的提升、扩容、补课，是解决孩子一切问题的根本。

遗尿症与神经性尿频

五六岁了还总尿床

先给大家讲两个案例。

一个是5岁的男孩，虽然2岁多就知道自己大小便了，但最近一个月却几乎隔天或隔两天就尿一次床。家长带孩子到医院检查了膀胱、尿路等，都没有问题，督促孩子睡前不喝水、排尿等也做了，都不见效。

另一个是3岁半的女孩。上幼儿园以来，她每天都数次说要尿尿，老师领去厕所却没有尿或只有一点点。她在家里就没有这种情况发生。家长带着去医院检查了，也无任何医学上的原因，最后医生给了个诊断叫神经性尿频。

排泄是孩子最早有意识地去感受并控制的一个行为。很多孩子甚至很多成年人在遇到重大的冲击时会大小便失禁。孩子声称要排泄是大人无法拒绝或拖延的指令，也无法查证真假。这些因素都容易使排泄成为孩子最方便的借口和最可行的通道。

第一个案例中的男孩，从小与母亲、姥姥待在一起。父亲工作忙、赚钱多，但与母亲的感情不和。在孩子5岁的时候，父亲提出离婚，而且要求孩子归自己，由奶奶抚养。母亲比较软弱、无能，不甘心又无奈。大人尽管做出了努力，瞒着孩子，但孩子还是知道了，私下问过姥姥，却不敢跟父母提起。后来，父亲见母亲沉吟不决，干脆公开了讲，用母亲的话说，“天天逼问”，还说让儿子自己做选择。母亲犹豫的是，让儿子跟父亲，能享受更好的物质条件，但又担心儿子生活不幸福。孩子表面上很平静，一切都显得很正常，甚至没有害怕、没有哭的迹象，但孩子晚上开始尿床。

第二个案例中的女孩，母亲是独生女，不会管孩子，父亲从小受父母严格管教。现在父亲虽过得不错，但对童年的被管束还是不能释怀，发誓要散养孩子，给孩子自由和快乐。上幼儿园前，孩子在家里喷水枪，在床单上画画，吃饭时不吃饭，睡觉时不玩累了不睡，都是常态，谁都不说，也不许说。上幼儿园后，幼儿园老师相对严格，但在一家正规大型的公立幼儿园中，老师绝不至于打骂孩子。可以想见孩子的种种不适应有多严重。一开始，她要上厕所只是个借口，借此获得关注或暂停（离开）事故现场。慢慢地，她开始真的觉得有尿意，只要一紧张不适就要去小便。

从上述两个例子可以看出，外界持续的紧张性刺激是造成遗尿症和尿频的原因。孩子偶然尿床和尿频，家长不必惊慌。但是，过分的事件和环境诱因，家长其实都心知肚明，只是不敢面对现实，想逃避或拖延。孩子发病年龄一般在10岁以下，个体的心理咨询或治疗要么无效，要么只是有所缓解，彻底解决必须是对环境和养育方式进行较大改变。

有经验的幼儿园老师可以把神经性尿频矫正过来，她们一方面不责怪、压制孩子，另一方面帮助孩子适应集体生活，遵守团体规范，让孩子在幼儿园能玩得开心。但是，家里如果没有相应的变化，就算尿频的问题解决了，孩子迟早也会有其他问题出现。

微小精神创伤

把指甲啃得秃秃的

很多孩子都有啃指甲、咬嘴唇、拔头发等行为。这些行为本身不是什么大毛病，但如果总是这样，就说明孩子与正常行为有偏差。

有一个男孩来就诊的时候13岁，那时他妈妈要带他移民到国外上初中，走前全面检查一遍。他的父母在他小学一年级时离婚，他小时候基本是姥姥带大的，父母工作都非常忙，但对他都很好。父母二人都是理性大度的人，离婚前并没有激烈的争吵，离婚后的往来以及与他的关系也都不错。他小学在寄宿制私立学校，老师也很好，周末或节假日父母分别接他，继父和继母对待他也没有什么不好。孩子自述的话里有很多“不错”“挺好”。如果不是妈妈让他来心理门诊，他不认为自己需要心理咨询，因为他对自己的生活没什么不满意。而妈妈让他来心理门诊的原因，一是全面检查一下，二是这个孩子从小就啃指甲，右手的食指被啃得秃秃的。妈妈曾经想过很多办法，如往指甲上抹黄连，但是都没有用。妈妈想知道这到底是不是心理问题。

我们每个人的人生都不会是完全如意的，总有太多的大大小小的不顺心、不开心、不放心。心理学管这些叫微小精神创伤，也叫微创伤。每个人都在各尽所能想办法摆脱、逃避或忍耐这些不如意，有的人抽烟，有的人下棋，有的人购物，有的人吃零食。小孩子可支配的资源比较少，能自由支配的主要是自己的身体，因此啃指甲就是最方便、最快捷的排解方式之一。

有的微创伤累积过度，再加上环境和自身的原因，可能会在导引事件的作用下，产生大的问题。也有的微创伤一直存在，但一直没有干扰到我们的正常生活，不会影响到我们的社会功能。

当家长发现孩子有啃指甲等行为时，当务之急不是如何让他改掉坏毛病，而是查看毛病的起因，尽量把干扰因素去除，孩子自然就正常了。啃指甲、撕指端的毛刺、抠嘴唇上的干皮等，都是无聊时做的。脑子里在想的事情或者足够刺激，或者足够美好，因此不能起身去干些有意义的事，也不能躺下睡觉。而这些刺激又没有那么大，不至于令人坐立不安，也不至于在言行上有过激的表达。时间长了，孩子到底在啃指甲的时候想了些什么，已经记不起来了。问孩子，孩子也说不出。但如果家长足够敏感、细致、了解孩子，应该是能在孩子最初有这些习惯时找到原因并及时解决。即便找不到原因，家长至少要密切观察，主动带孩子做些什么，来丰富孩子的生活，让孩子不至于总是那么无聊。

前面提到的案例中，这个13岁男孩的平时表现真是太好了。他的个人天赋不错，家境也平和、富裕。除了啃指甲，男孩大部分的生活都是令一般人羡慕的。然而，在与他的交谈中，我会感到真没意思、真平淡、真无聊，就像看一部过去的老电影，画面、色彩、声音、效果都平平，节奏缓慢。我的担心是，不知道将来的哪一天，孩子会不会无聊到头，对这个平淡世界里的平淡关系不再留恋；我惋惜的是，以这个孩子的天赋和家庭状况，他本该有更精彩的人生，更大的发挥空间。

有的孩子会有吮吸手指的习惯，严重的甚至吮出了老茧。吮吸手指与啃指甲等行为是不太一样的。吮吸手指是退行到婴儿状态，用给予自己什么来进行自我安慰。啃指甲、拔头发等是某种意义上的自残行为，心里应该有更大的不如意、自卑、攻击意识，但又不是创伤性的。家长也不必着急。这世界上没有人能总是如意，很多人都会发展出一些癖好。当然，如果家长在孩子小的时候能及时调整是最好的，所以做个敏感、细致、智慧的家长非常重要。这需要家长把时间和精力分配给孩子和家庭，别让孩子的世界太无聊、太无奈、太无助。

自慰行为

摩擦双腿或玩弄小鸡鸡

有经验的幼儿园老师都知道，平均每个班二十几个孩子中，总会有一两个孩子出现自慰行为，且女孩多于男孩。有的孩子是午睡时用力夹腿或摩擦双腿，也有的孩子在椅子角或玩具上蹭。男孩更多的是玩弄小鸡鸡。总之，这些都属于自慰行为。小学低年级的孩子也经常在教室里发生这种行为。有时家长自己也会发现，但一般都会认为这是很丢人的事情，往往讳莫如深。其实，这种行为和前面说的啃指甲等行为有类似的地方，都是将注意力转移到身体上，以缓解无聊或紧张的情绪。在孩子这里，自慰是自我安慰的意思，与成年人的性自慰是两回事。

发现孩子这种行为，家长不要打断，因为孩子非常不愿意被打断；也不要斥责。最好的办法是不要提起这件事，既不要负强化，也不必用“跟孩子谈谈”这种正强化。但不是不理不管。有的孩子是因为好奇，偶尔的刺激后孩子主动再现刺激；也有的孩子逐渐将自慰变成一种习惯性的缓解压力的方式。

有的家长会说，这没什么好奇怪的，我小时候也这样，现在还不是好好的。也有的人会援引西方国家的例子，认为自慰是正常的行为。其实，家长想多了，孩子（6岁以下）还不知道这是和性相关的自慰。通过摩擦，孩子会有快感，但还不懂这是什么快感。一般到6岁以后，正常智力的儿童才会模模糊糊地明白这和两性关系相关。在孩子还不懂的时候，如果家长能主动为孩子安排丰富有趣的活动，或闲暇时与孩子度过的时间是安适、轻松的，孩子会主动放弃这种行为。也就是说，家长要暗中改变环境氛围，改变对孩子的养育方式，提高亲子相处时的质量，提升孩子精神世界的内容与状态。如果没有做这些改变，这有可能只是一个无伤大雅的癖好，就像有的人爱抽烟，有的人爱聊天一样。但是，也有20%左右的孩子会因为这个癖好的影响，出现不同程度的问题。

现在的孩子很小就能自己明白很多关于两性的事，但因为是自己猜到或琢磨出来的，信息难免偏颇。有的信息甚至会故意引诱孩子。有自慰行为的孩子相比没有这种行为的孩子，更容易被此类信息吸引，有的会感到自责、羞耻，有的则会被误导。我有一个13岁就跟一个16岁的网友发生性行为的女来访者，她从小就有自慰行为。还有一个14岁的女孩，从8岁开始自慰，家里父母闹离婚，顾不上管她。她12岁在网上开始“文爱”，即“用文字做爱”，还在贴吧里参加、组织“语C”，即“语音角色扮演”，一般也都是性爱内容。妈妈知道她有网瘾，但不知道她的网瘾不是玩游戏，而是把自慰行为拓展、发挥，用来抵抗和逃避令人难以忍受的现实。

总之，当孩子的行为出现不同寻常的特点，家长固然不用大惊小怪，但也不要置若罔闻。这是孩子发给家长的信号，需要家长去审视孩子的环境，审视自己的养育方式和与孩子互动的方式，以及孩子本人正在形成什么样的观点，表达了什么样的情绪，等等。如果家长看不出什么或不知道该怎么办，最好向专业人士咨询。

逃避行为

一言不合就头疼

我常常听妈妈们半好玩半无奈地抱怨："孩子一说弹钢琴了，就头疼、肚子疼；一说出去玩了，就没事了。一说要写作业了，就肚子疼、头疼；一说看电视吧，全好了。"

孩子的智慧还是比不了大人，编不出什么新花样。但需要请家长注意的是，大约有40%的孩子说自己"头疼""肚子疼"的时候，未必是借口，而是真的头部或肚子部位感到不适，可用什么仪器都查不出具体器质性问题。

给大家举两个例子。

一个7岁的女孩，父亲突发车祸住院，开始的前3个月伤势非常重，妈妈要跑医院、处理保险理赔等种种事情，就把孩子送到姥姥家住。姥姥又不慎扭伤了脚腕。父亲3个月后进入康复期，练习走路时告诉了孩子真相。不久，姥爷又因心肌梗死住进了医院。孩子在学校的成绩显著下降，回家后也不爱写作业，不爱出去玩，脾气变得急躁，还总是说头疼。妈妈带她做了各种检查，没有任何器质性问题，只能诊断为神经性偏头疼。妈妈实在忙不过来，给她在学校请了长假。之后，只要妈妈一说让她自学或没有满足她什么要求，她就说头疼。

一个5岁的男孩，身体较瘦弱。妈妈给他报了个游泳班，想让他锻炼一下身体。第一天上课时，他站在泳池边不小心滑下去了，幸好教练就在旁边，一伸手就把他捞了上来，连水都没呛着。但是，孩子已经吓坏了，当时就大小便失禁。之后，只要一提去游泳，孩子就肚子疼，好不容易劝到泳池边，一闻到泳池的味儿，他就肚子疼得更加严重了，妈妈只好不让他游了。

上述的两个例子里，孩子的头疼和肚子疼都是真实的。也许疼不是准确的表达，但对于孩子来说，所有的难受都是疼。细心一点儿的家长是能分辨出真疼假疼的。对于假疼，当然不能妥协，否则这会成为孩子的长期借口。家长要耐心地与孩子沟通为什么找借口躲避该做的事，教会孩子正面、直接地跟家长说出自己的想法或反对意见，而不是找借口。孩子用头疼、肚子疼的借口来躲避，也表明孩子在表达自己的意见上有欠缺。也许是孩子的能力问题，也许是家长没有给孩子足够的空间和鼓励去表达自己。

对于真疼，家长必须重视，不是简单地处理头疼或肚子疼，而是把疼和最近发生的紧张刺激事件联系起来，考察孩子是困惑、恐惧还是悲伤。疼是这些内在的心理过程和情绪变化造成的躯体化反应。参照上面的假疼，家长面对真疼也要有足够的智慧和洞察力去猜测原因，或者鼓励孩子坦白地表达。对孩子的问题，家长能解决要及时予以解决，若无法解决，需要尽快寻求专业心理咨询。

Part 5

有先天遗传问题的孩子

有些孩子在小的时候看着没有问题，甚至有些孩子在学习方面还很出色，只是不爱说话和与人交际；有些孩子反应总比别的孩子慢半拍，或者某一门功课怎么学也学不好；某些孩子活泼可爱，但过于好动，甚至影响了注意力。

这些孩子表面上看只有行为、交际或情绪方面的问题，但实际上，他们有可能具有先天遗传问题导致的生理问题。对于先天因素导致的问题，早诊断、早治疗对于孩子的恢复十分重要，所以家长要是遇到类似的情况，要及时带孩子到医院接受专业的检查和治疗。

自闭症（孤独症）谱系障碍

来自星星的孩子

自闭症又称孤独症，最新的美国精神病诊断标准DSM-5又把自闭症、阿斯伯格综合征、广泛性发育障碍合并在一起，称为自闭谱系障碍。

为了大家能更好地了解自闭症，下面针对自闭症的外在表现、分级、行为特征，以及家长可采取的自助或求助措施等进行介绍。

自闭症的外在表现可以分为3类。

1.社会缺陷，人际关系障碍

自闭症患儿缺乏与人沟通、交流的意识和意愿，无法理解他人的表情、动机和目的，尤其对他人的情绪无法理解。患儿对旁边是否有别人毫不在意，很少或几乎不与人有眼神交流，自己的语言也缺少语气等情绪特征。

实验证据表明，社会缺陷人际关系障碍与镜像神经元缺乏有关。在大脑皮层的前额叶有个脑区叫脑岛，那里集中着镜像神经元。镜像神经元的功能是感同身受，如看到别人吃柠檬自己也会分泌唾液，好像也尝到了酸味。缺少镜像神经元就缺少了理解别人是何感受的精神基础。

2.沟通缺陷，语言交流障碍

自闭症患儿的语言功能存在障碍，无法明确表达，同时也无法理解别人的语言内容以及伴随的语气、语调，更无法理解比喻等语言的意义。语言涉及的脑区功能相当复杂，左脑的布洛卡区负责逻辑地组织语言内容，右脑的部分脑区辅以意义，如语气、语调等想象和情绪内容。语言反映了整个思维过程和结论。

语言功能障碍造成孩子既无法表达自己，也无法理解他人，人际沟通互动无法实现。

3.无法全面、整合地认识他人或事情，也没有想象力

自闭症患儿在玩汽车玩具时，可能只对转动的车轮感兴趣，对汽车玩具作为一个交通工具的模型，有什么用、有哪些玩法，不知道也不感兴趣。他们的行为常常是刻板的、重复的，不能接受任何变化。

自闭症按照患者的轻重程度可以分为3级，其中最轻的一级很容易被家长忽略。

1.一级

• 社会交往方面。在没有适当协助下，社会交往缺陷导致可觉察的功能受损，主动发起社交互动困难。在对他人社交提议的回应上有明显的、非常规的或不成功的事例。可能表现出对社交互动的兴趣减低。例如，有能力说出完整的句子，可以参与沟通但与他人往复交谈不够，试图交朋友的途径古怪且通常不成功。

• 在局限和重复的行为方面。行为刻板，导致在一个和几个场景下相关功能受到显著干扰，难以在互动之间转换。组织和计划方面的问题妨碍其独立性。

一级在过去曾被称为高功能自闭症，现在又被称为轻度自闭症或阿斯伯格综合征。这类孩子的智力发育都是正常的，甚至在某些方面是超常的，他们的语言、成绩以及行为等有可能没有大毛病，但在社会交往上却表现出缺陷。

我接诊过一个3岁半的孩子，父母是一对生活在美国的中国人。孩子2岁9个月时在美国上了幼儿园，老师反映他不说话。家里人以为孩子在家听惯了中文，一下子到了全英文环境可能不适应，便没有在意。后来，老师又反映孩子的社会交往与他人的沟通交流有问题。家长还特意去幼儿园观摩了一上午，但是没看出什么问题来，因为其他孩子也是各玩各的，没什么交流。孩子可能因为和其他人不熟悉，所以才没有交流，而且孩子在家里跟父母交流得挺好的。可老师还是坚持孩子跟一般孩子不一样，建议他们带孩子做一些检查，结果发现孩子有语言障碍。

我第一次见到孩子时，发现他长得很可爱（大多数自闭症患儿在外表上没有缺陷），一双眼睛很有神，跟父母要水喝，脱下外衣等互动也很好，但是不理我。于是，我做了个试验，拿起桌子上的笔，表情、语气夸张地说："哎呀，真好玩！"然后，我把笔藏在手心里给他爸爸看，示意他爸爸也同样惊奇地喊："真好玩！真有意思！"

孩子靠在妈妈身边看着我俩，就像看一个出声的八音盒一样，脸上没有显示任何好奇。如果是因为怕羞或怕生人，孩子也可能不上前来查看，但至少能看到孩子是好奇的。在我和他爸爸的强烈表演下，一般的孩子早忍不住了或能看到孩子是好奇的，可这个孩子始终无动于衷。过了一会儿，孩子想出去玩了，拉着妈妈的手喊“走，走’。妈妈怎么解释、怎么用巧克力等东西转移他的注意力都没用。这时我发现，孩子不会用“我”“你”等代词，也不用小名称呼自己或者叫妈妈，这是很多第二类自闭症患儿的特征。

由此可见，家长平时和孩子在一起的时间长，形成条件反射般的交流方式，而不容易觉察出孩子的问题。那么，家长该如何判断孩子是否为阿斯伯格综合征患儿呢？一般来讲，阿斯伯格综合征患儿都有以下几个特征：

• 孩子在某一方面表现出天才或特殊兴趣。这类孩子表现出旳超常水平，是正常孩子训练也达不到的。所以，如果孩子的表现太超出正常范围，建议家长要带孩子去检查一下。还有些孩子是具有特殊爱好和兴趣，如特别喜欢看说明书，对其他书都不感兴趣，而且对说明书上写的不同的功能都很精通，超出了正常范围。

• 情绪比较简单，但十分激烈。这一点将在下文具体讲述。

• 面部表情比较少或者与叙述的事情不匹配，抑或笑起来特别幼稚，哭起来特别沉痛、单一。

• 特殊的感觉能力。有些患儿在某些感官上特别发达或特到迟钝，这一点将在下文具体讲述。

2.二级

• 社会交往方面。言语和非言语社会交往能力存在严重缺陷，即使在适当的协助下，也表现出明显的社交能力受损，主动发起社交互动有限。例如，只能说简单的句子，互动仅限于狭窄的特殊兴趣，有非常古怪的非语言沟通。

• 行为方面。行为刻板，应对变化困难，或其他局限重复行为频繁出现（观察者会不经意就明显注意到），并在多种场景下干扰相关功能，改变注意点，活动时出现苦恼和困难。

二级自闭症患者的智力是正常的。这样的孩子在幼儿园、小学常表现得跟别的孩子不一样，但老师或家长不一定会想到孩子是患了自闭症。这类孩子的行为不是那么明显，或者能听劝，暂时接受批评，所以当家长听老师反馈孩子问题的时候，家长容易认为孩子只是淘气、不守纪律，而忽略孩子真正的问题。

3.三级

• 社会交往方面。语言和非语言社交能力存在严重缺陷，导致严重的社交受损，主动发起社会互动能力非常有限，极少回应他人的社交提议。例如，言语中只有少量词让人能够理解，极少发起互动，即使参加社交互动，也只能采取异常的途径达到要求，或仅能回应非常直接的社交提议。

• 行为方面。行为刻板，应对变化极度困难，或其他局限重复行为显著，干扰相关领域的功能，改变注意点与活动时特别苦恼和困难。

三级自闭症患儿是很容易被发现的，因为他们言语发展有问题。自闭症的孩子根本就不会说话，因为他们没有意识认为自己还需要说话。他们和别的孩子的交往就是一起玩，但没有互动，对别人的回应是很少的，甚至对父母都不理睬。

2岁以前说话不完整的孩子，如果要够东西够不着，他会过来喊妈妈，引起妈妈的注意，然后他会用手比画，用肢体语言向妈妈表达，眼神和表情也会流露出请求、讨好等这样的信息。而自闭症的孩子，他也会找父母帮忙，但这是因为他知道父母的手能帮他把东西拿下来，属于一种条件反射，而不是有意识地找人帮忙。这种不叫有互动，更不是社交性的互动，他只是把他人当成工具。

三级自闭症患儿的行为刻板也会非常严重，稍微改变一点点，孩子就会大哭大闹，极度不情愿。这里一定要注意，有些家长相信“敏感期”理论，把这归因于秩序敏感期，而注意不到孩子的刻板行为。但大多数的孩子在秩序敏感期可能确实有点儿执拗，那是因为他的认知能力还发展得不全面，认为自己想做的事就要实现，其行为不会超出正常范围。所以，家长要关注孩子行为的程度，行为反常是在正常范围内，还是已经到了异常的状态。

有些人对自闭症不了解或有误解，如孩子不合群，显得孤僻，家长就会怀疑孩子是不是有自闭症。前面已经讲过，孩子孤僻不爱与人玩，是人际交往方面的问题，而不是自闭症的表现。下面就来简单说说家长如何判断自己的孩子是否是自闭症患儿。值得强调的是，家长如果怀疑孩子有可能是自闭症患儿后，一定要去正规医院检查，不要自己吓唬自己或耽误了孩子的治疗。

1.社会情感互动性存在缺陷

自闭症孩子就算语言发展得很好，能对话，他也是单向的、一问一答式的对话，即他人问他一句，他回答一句。而一般的孩子，他人和他交谈，熟悉起来以后，他除了回答问题，还能把这个对话编织下去，与人互动。另外，自闭症患儿无法发起或回应社交互动，就是说较少主动找人玩，通常都是被动的，别人找他来玩，甚至别人找他，他也不理人。而一般的孩子会主动找人玩，如果他很想找人玩、说话等，但不知道如何进行，他会很焦虑。可见，一般的孩子是渴望社交互动的，而自闭症患儿则没有这种需求。

我遇到一个妈妈认为孩子有自闭症，说孩子跟人的交往和互动总是不好，老怀疑别人说他、骂他。他跟同学也好，跟室友也罢，都玩不到一起去。孩子总对妈妈说有人在批评他。这个孩子也会主动找对方去理论，挑战那个人或自己在博客上写关于这个人的评价。

从中，我们能看出来，这个孩子是主动发起了一个指向他人的行动。如果孩子有这样的行动，家长就要存疑，他很有可能不是自闭症。

2.用于社交互动的非言语沟通行为存在缺陷

自闭症孩子在和人的交流中，他的非言语沟通行为是有问题的，甚至是完全没有的。非言语沟通行为包括眼神接触、身体语言等。

我发现，不管男孩还是女孩，当他们提到小时候爸爸妈妈打自己，或者爸爸妈妈说打他们的情况，他们的脸上都会有表情流露出来。大多数孩子是既不好意思，又生气、委屈。也有的孩子，为掩饰自己的尴尬、委屈等情绪，他自己讲起爸爸打自己的时候，会调侃，反而故作笑容。总之，正常孩子的脸上是有表情的，透过这个表情他人就可以知道，爸爸打他这件事让孩子有情感反应和情绪起伏。但是，自闭症的孩子提到爸爸打自己的时候，常常是面无表情，就像是说别人的事一样。即便有面部表情，也是比较单一的生气或伤心，缺少复杂的表现，而且其反应常常与年龄不符。

3.维持和理解人际关系存在缺陷

通过想象性游戏也可以考察孩子是否是自闭症患儿。小孩都愿意玩过家家、藏猫猫等游戏，这些游戏就是想象性游戏。家长可以尝试把脸遮起来，然后把手拿开，说“不见了”。1岁左右的小孩最喜欢这样的游戏，但是自闭症的孩子对这个却不感兴趣。对于大一点儿的孩子，家长可以观察他是不是爱玩汽车、娃娃，或者喜欢扮演一些角色，如爸爸妈妈、警察、司机等。这种角色扮演类游戏，自闭症孩子一般不玩，或玩得很刻板，即别人教他怎么说，他就怎么说，而不是投入其中，把扮演的和真实的联系在一起。

另一个比较容易观察到的想象力缺乏的事情是，很多自闭症的孩子写不好作文。记叙性的还好，涉及情感、场景尤其是情境描述，他就写不出来了。还有的孩子不喜欢看故事情节性动画片，只喜欢看简单重复的片子。

自闭症的孩子难以依据真实的场景调节行为，就是在和人互动的时候，不管是不是好朋友，也不管什么场合，只要碰了他的东西就不行，就会把别人推开，还骂人家。有些孩子表现得不怕陌生人，对陌生人视若无睹，家长会以为孩子社交能力好、不认生，其实是孩子对人不感兴趣造成的。

4.运动动作、物品使用或说话方式表现得刻板或重复

当孩子表现出来偏好某种物品时，家长要观察他是否是非常刻板的。如果孩子偏好小汽车或毛绒玩具，但他对这些玩具是有感情的，不见了，他会找，找到了以后会很高兴，而且孩子没常性，玩一阵又换别的了，就代表孩子正常。但是，如果孩子很刻板，他的物品必须照着他认为的样子摆放，他喜欢哪个东西，就会捏在手里，看不出来他为什么喜欢，也看不出来有没有这个玩具他情绪的变化，那么孩子就有可能是自闭症患儿。

25%～40%的自闭症患儿存在语言障碍，要么不说话，要么本来会说但3岁左右开始逐渐不说话，表现出语言退化，还有的则是发出一些他人听不懂的声音。在会说话的孩子中，家长也要注意，有的孩子是鹦鹉学舌，不会自发地创造句子；有的孩子是3岁以后仍然不会使用人称代词，如你、

我、他，跟人说话的时候不叫人，直愣愣地说自己想要的；有的孩子是语言的社交功能不好，语气、语调等对情绪的表达不明显或者没有。

5.单调无变化、僵硬地坚持常规习惯或方式，言语及非言语行为仪式化

自闭症孩子从小就会出现僵硬的行为模式，如对微小变化极度苦恼、难以过渡转变、思维模式僵硬、问候仪式化、每天必须走相同的路线或吃相同的食物等。

有个孩子的妈妈不相信自己的孩子有自闭症。这个孩子2岁，妈妈给他念绘本的时候，他会很仔细地听着，也会用手指。让他跟着念，他也能和妈妈一起念绘本。

结果，我发现孩子对绘本中的故事没什么兴趣，但他会有一个仪式性的、重复的动作。孩子每念到有小熊的一页，一定要指一指小熊的鼻子，念到有数字的一页，一定要数一数，总之他要完成这一系列的动作，才觉得有意思。他要妈妈做，并不是真的对绘本中讲的故事内容感兴趣，而是一种重复。

有个妈妈曾问我，说她4岁半的孩子一定要父母按照他的要求回答。例如，孩子要吃糖，他会说“妈妈我要吃了”，妈妈必须回答“吃吧”，他才吃，如果回答“好”“可以”都不行。如果洗澡，他脱完衣服就说“我要进去了”，妈妈必须回答“进去吧”，说

"好""行""可以"也都不行。如果不这样说，孩子就闹，妈妈也讲道理，甚至打过孩子，但这个孩子就非得这样不可。

这个孩子出现这种行为已有半年的时间，可见他不是临时觉得这样好玩才做的。而且，家长用了这么多办法他都不改，就可以将这种行为定义为僵化的、仪式化的言语。

6.极为局限的、迷恋的兴趣，并且兴趣强度和兴趣点反常

自闭症患儿往往有极为局限的、迷恋的兴趣，并且兴趣强度和兴趣点反常。有些家长会说，孩子喜欢什么东西就是会一直喜欢，会非常迷恋，如抱着玩具睡觉等，不认为这是自闭症的表现。可自闭症患儿的反常是不在正常范围内的，他只对玩具的某一个部分感兴趣，而不是整体。

有一对夫妇带一个2岁多的孩子来看病。他们在走廊候诊的时候，清洁工拿了一个颜色鲜艳的海绵擦墙。一般的孩子如果觉得这东西自己没见过，会对整体都关注，会在旁边很感兴趣地看着这个人拿那个东西在墙上干什么。但这个孩子只盯着这个颜色鲜艳的海绵在墙上晃动。清洁工很友善，看到孩子盯着他，还跟孩子笑一笑说"你是喜欢这个吗，这个可不能玩"。可这个孩子视若无睹，听若妄闻，就像根本没有这回事，继续盯着海绵。当清洁工把海绵扔到桶里后，他跑到桶边，继续盯着海绵看，甚至动手要去抓那个海绵。

这个就叫兴趣点反常或者叫局限的兴趣。

自闭症患儿有的会特别喜欢圆形的、会旋转的东西，如电风扇；有的喜欢反复冲马桶，特别喜欢那个声音以及看着水旋转着冲下去；有的喜欢看一闪一灭的霓虹灯，能看很长时间。这些都是兴趣点和兴趣强度反常。

7.对感官输入反应过度或不足，抑或对环境的某些感觉方面有异常的兴趣

由于大脑发育异常，很多自闭症孩子的五感——听觉，视觉，嗅觉，触觉，味觉——会有异常。例如，打针不疼，衣服穿多少都没关系等。

我遇到过一个孩子，温度觉异常。冬天，在北京有暖气的屋里，我们穿一件毛衣就够了，她穿了一件毛衣、一件外套、一件羽绒背心，外面还套了一件羽绒服。孩子坐在那里，一点儿汗都不出。

上面这个孩子就属于触觉异常的，她对触觉极其不敏感，但也有对触觉非常敏感的孩子。例如，很多自闭症的孩子不能忍受衣服上的标签。也有的孩子会有特殊的触觉喜爱，如喜欢紧紧地抱着妈妈的胳膊，喜欢抚摸妈妈的胳膊，或者喜欢站在门后让门板挤在身上，喜欢这种被挤压的感觉。

味觉反常也是非常常见的，有些孩子表现得非常挑食，某几种东西都不能吃，甚至不能放到嘴里，否则会出现特别强烈的反应。这跟一般意义上的偏食、挑食不一样，因为自闭症孩子的挑食是真的不能接受那种味觉。还有些孩子味觉发展得不敏感。有个家长曾对我说，他们家孩子吃东

西，不给他夹菜，不提醒他吃菜的话，他也会把一大碗米饭吃光。

另外，嗅觉、听觉、视觉都是这样，既有对其非常敏感的，也有对其非常不敏感的。总之，家长要多观察孩子，及时排查异常表现。

8.症状必须在发展时期早期出现

自闭症应该在很早就有表现并且能被发现。受过训练的人在孩子1岁左右就能够做出诊断，但大多数孩子都是在2岁~2岁半时被家长带来就诊的，因为这时孩子一般都应该开口说话了，如果孩子2岁多了都不说话，家长才意识到孩子有问题。另外，有些患儿是在上幼儿园甚至上学之后才被发现有问题，因为这时孩子跟别的小朋友在行为上会有较大的差别，不合群，集体活动不参加，或者不遵守纪律等。

值得警惕的是，有些阿斯伯格综合征患儿的智力发展得很好，所以直到孩子13岁，甚至青春期才会表现出异常。因为在这之前，他的社交能力虽然不足，但是别的孩子和他的表现差不多，家长可能会以为孩子只是淘气、不懂事。可到了十二三岁的时候，孩子的情绪会出现明显的问题。患有阿斯伯格综合征的孩子，情绪都比较简单，经常表现的是比较简单的喜、怒、哀、惧这几种情绪，或者稍微有点儿复杂的羡慕、渴望等。而且，患有阿斯伯格综合征的孩子的情绪会表达得非常激烈，其中常见的就是害怕、愤怒。

有一个6岁的女孩，她无缘无故地害怕上学，而且这种害怕还很强烈。家长说一进学校门她就哭，到学校门口后死活不进去，她自己

又说不出原因。

阿斯伯格综合征患儿不仅情绪问题严重，而且他的行为也明显表现出跟别人不一样。有很多孩子，尤其是女孩，由于智力比较高，特别善于模仿和习得一些对策，对于他人说的话，他们能立马学会，并在顶嘴的时候重复出来。面对这种情况，一般人更不会想到孩子是自闭症了，觉得这个孩子伶牙俐齿，会气大人。实际上，孩子只是鹦鹉学舌，把她记得的话拿出来用。家长要综合看其他的行为表现，来判断孩子是不是自闭症，而不是只看这一点。

9.社交功能出现显著受损

自闭症患儿在与同学、他人、父母产生冲突时，不仅表现为闹矛盾、顶撞等简单行为，而是会采取动手打人等激烈手段。到了这种极端的程度，就可以说孩子和人的交往功能受损，家长能够感受到他是控制不住的，不是后天故意的。

有的孩子尽管在事后也能想明白打人是不对的，但是在当时却控制不住情绪，会特别冲动，总也不能吸取教训。还有的孩子不能理解、分辨同学是跟他闹着玩还是真的矛盾冲突，并且刻板地执着于不应该打人，吵架是不好的，而不会反击或反抗，导致自己非常难过和消沉。这就是在社交上的功能受损。

10.某些障碍无法用智力缺陷（智力发育障碍）或全面性发育迟缓来解释

智力缺陷和自闭谱系障碍常并发，若要做出自闭谱系障碍和智力缺陷并发症的诊断，其社会交往水平应低于预期的整体发育水平。

民间有种说法，认为自闭症的孩子都是天才。的确有这样的孩子，但是少数。这类孩子属于阿斯伯格综合征患儿，就是社交上有障碍，但是智力的某一个方面，如数学、逻辑、机械、美术、音乐表演等有超常发展。

据国外统计，60%～70%的自闭症患儿会伴发智力障碍。单纯的智力障碍患儿虽然也会表现出沟通交流能力不够、行为重复刻板等，但这是智力缺陷造成的，患儿在与人对视、与人互动等方面没有问题。而自闭症的孩子则对人不感兴趣或缺少情感变化。所以，要判断是单纯智力缺陷，还是自闭症或者自闭症伴发智力障碍，必须经过专业人士的临床观察才能做出诊断。

总之，每个自闭症患儿的具体表现各有不同。家长注意不要贴标签，但是也不要忽略了细微的差别。

这里要强调一下，自闭症绝对不是因为家长没有陪伴孩子、没有跟孩子多说话、没有给孩子爱造成的！现在，有很多家庭是老人带孩子，结果就有很多父母埋怨老人，说老人和孩子互动少、说话少，导致孩子患了自闭症。这明显是不对的。

另外还有一个说法，即孩子看手机或平板电脑看多了，最后也会变成自闭症。这个肯定也不对。自闭症的发病原因现在尚不明确，但已知和基因遗传有一定的关系，因为如果家里第一个孩子是自闭症，第二个孩子得自闭症的概率高达10%。

自闭症虽然不是后天养育造成的，但后天家长的养育与关照，却能极大地改变自闭症患儿的生活质量。具体来讲，父母要做到以下几点。

1.要细心，要有常识

有个孩子在小学一年级下学期时被妈妈带来检查。妈妈说他一切正常，除了从小就怕听各种声音。一听到吹风机、上课铃、突然的汽车鸣笛等声响，孩子就会有激烈反应，捂着耳朵骂人。妈妈认为孩子是个天才，他能看懂汽车使用说明书，而且孩子最爱看的就是各类说明书。一年级上的语文直到现在他还能默写生词表，而且是从第一课开始默写，连生词的顺序都不会出错。

这个孩子是比较特殊的。一般的自闭症儿童中，42%有严重智力障碍，29%有轻度到中度的障碍，10%~20%智力正常甚至某一项超群。这10%~20%智力正常的孩子若能及早进行一些专项训练，有可能成年后具备基本的社会功能，有工作，甚至能成家。但是，这样的孩子也容易让家长忽略他的真实情况，以为他只是有些怪癖而已。这个孩子的妈妈就是缺少常识，也不够细心，以为孩子是耳朵听力有问题，忽略了孩子在社会交往上的缺陷：孩子虽然也会看人的脸，但从不与人对视或目光交流；虽然他也和邻居的孩子一起玩，但就是一起踢球或追逐，玩耍中没有跟别人的互动。

2.积极训练、矫治和进行药物治疗，但不要期望过高

研究表明，接受过至少2年、每周至少40小时的强化行为治疗后，自闭症患儿在认知技能和行为控制上有显著进步，但离正常人还是有差距。约70%的孩子在成年后仍离不开家长或专业机构的看护。所以，如何治疗、治疗的投入有多大，家长要根据孩子的情况量力而行。约30%的自闭症患儿到了青少年期会发生痉挛和抽动，表明其神经系统的功能障碍。必要的生物学治疗是必需的，虽然不能让孩子恢复为正常人，但是会减少很多症状的出现。

3.接受现实

接受自闭症患儿比改变他们更重要，与其费尽心力去改变他们，非要他们融入社会，不如接受他们的状态，为他们的未来创造更包容的环境和更人性化的福利。治疗与矫治训练交由专业的人去做，家庭和社会能做的，是对他们的理解和接受。接受就意味着承认他们与我们不同，而不是非要把他们变得跟我们一样。由于大多数自闭症患儿成年后仍无法发挥正常的社会功能，对于他们的家庭来说，更需要的是对患儿生活的补助以及父母去世后这些孩子能享受的社会福利。

4.避免误诊

心理科或精神科的很多专业术语都容易被大众用字面意思误读。近年来，自闭症检出率高，不一定是发病率增加，而是过去诊断为智力障碍的案例，现在被诊断为自闭症。另外，很多人一看孩子性格内向，不爱跟小

朋友玩或玩得不好，就说孩子有自闭症。

家长一旦怀疑孩子可能患了自闭症，一定要去儿童医院或精神病专科医院正规检查、治疗。

自闭症的孩子用不用和正常的孩子一起上学呢？我觉得这是因人而异的。如果孩子智力上跟不上，搞不懂上学是怎么回事，或者课堂上不遵守纪律，跟同学总有纠纷，那么家长就要问一下自己，孩子上学的目的是什么，为什么非要上不适合自己的学校，上了正常的学校是否意味着孩子正常了，是不是自己还不能接纳孩子有自闭症这个事实。

自闭症的孩子是不是需要接受特殊的教育？据我了解，美国等发达国家有自闭症患儿和普通儿童一起上课的融合班。但这些班级的老师都经过特殊教育的培训，知道如何在正常课堂有异常孩子的情况下，教课、管理班级。这种融合班要求所有任课老师接受特殊教育的培训，所有家长都知情，在有包容度的基础上才能融合。国内目前还达不到这个标准。所以，与其在孩子的能力、认知水平和行为都达不到正常要求的情况下，非让孩子上普通的学校，不如让孩子接受特殊教育。

一些阿斯伯格综合征患儿，由于智力正常或超常，在家长、老师的努力支持下，他们有可能和正常的孩子一起上学。但是，他的纪律、社交场景、和同龄人的互动等方面，需要在课外时间、在家里，由家长或专业人士加强培训。

另外，针对自闭症儿童的专门训练或培训非常重要。一些重症自闭症患儿由于耽误了可塑性强的时期的培训，结果到了十几岁以后，还不会系扣子，不会用马桶等。

对于轻度自闭症患儿，家长一定要培训他学会一些社会规则，了解人的表达和表情是什么意思，应该用哪些说法或办法来应对。如果孩子不能处理这些复杂情况，家长就要硬性给他输入。虽然孩子这样学来的应对方式会比较刻板，但也比他一无所知强得多。所以，这些针对自闭症患儿的社会性训练、自理能力训练和对社会规则的训练，越早开始越好。

很多家长得知自己的孩子被诊断为自闭症的时候会非常震惊。一般来说，家长会经历如下几个阶段。我把这些阶段分析一下，希望家长对自己将要面临的和将要经过的有个了解，也希望这些能对家长在后续生活中起到指导作用。

当遇到一个重大的事件时，一个人一般会经历两个分期：

- 第一个时期是，不能接受、正视、面对事实；
- 第二个时期是，随着时间的流逝，逐渐接受这个事实。

可见，一个人从认识上接受事实到能够面对、应对、处理，是有一个过程的。

在第一个时期，即不接受期，人的心理也会经过几个阶段的变化：

- 感到震惊。在这个阶段，人不知道该干什么，甚至会胡思乱想。
- 极力否认事件的发生。有些人甚至停留在这个阶段，一直否认。
- 变得愤怒。当接受了事实、不再否认之后，人就会去了解到底发生了什么，从而产生挫败感和愤怒，并借着一些小事发泄出来。

• 伤心。当能量耗尽了，人就会变得非常伤心。从这个阶段开始，人就算过渡到了接受期。

当一个人接受了、认可了孩子患自闭症的事实，他又会经历以下几个过程：

• 慌乱、困惑，不知道该怎么办。这时，人就会恶补知识，尝试解决问题。有些人会处于比较盲目的状态，所以也非常容易被骗。

• 抑郁、焦虑，期待结果。在进行了一系列的措施后，人就开始焦虑地等待结果，希望自己采取的措施能有效。

• 绝望。当一个人长时间地期待能有一个好的结果时，他就容易陷入绝望。因为时间太久了，什么成效都没有或者成效很少，而且原来的期望又比较高，很多人这时候会感到筋疲力尽。这个阶段也许是最痛苦的阶段，但必须度过这个阶段，才能进入第四个阶段。

• 重组生活。当一个人真正认识到事实之后，他的内心接受了这个情况，于是便开始规划未来，调整自己的期待和想象，重新组织自己生活的重心和内容等。这个阶段才代表一个人真正从某件事情中走出来，开始在现有条件下过自己的生活。

不接受	接受
震惊　否认　愤怒　伤心	慌乱　焦虑　绝望　重组

这两个分期有时中间也会产生反复，如有的人愤怒之后又回到否认等。另外，这整个过程十分漫长，有的人可能需要几个月的时间，有的人

可能要几年，甚至经过十几年仍处于绝望的阶段。始终处于绝望阶段的人不能实现在现有条件下对自己生活的重组。因此，自闭症患儿的家长无论是找外力的帮助，还是抱团互相帮助，一定要尽快恢复常态，走到重组阶段。

总之，自闭症患儿的家长一定要做到如下几点：

• 接受现实，不抱怨、不后悔。如果心里难受，家长可以去做心理辅导或者加入家长团体，大家互相帮助。只有先保证自己的身体和心理健康，家长才能有更好的心理和状态面对孩子。

• 一定不要放弃。自闭症患儿的家长虽然不能期待过高，希望孩子一下子康复，但也不能做了几周、几个月的训练觉得没效果，就不去了。自闭症的训练出效果是要以年来计算的。这些训练非常有必要，会对患儿的行为有特别大的改善。如果不进行大量的训练，患儿的症状表现会越来越严重。而且，越早做一些训练，孩子的可塑性越强，往后在行为上会有显著的改善。

• 家庭要保持团结。有数量不少的家庭，因为无力面对现实，互相埋怨，甚至离婚，给孩子和家长自己都带来不小的伤害。

• 不要只期待机构对孩子进行训练，家里也要不停地随着孩子的成长，给予不同的干预以及社会性的要求和训练，如规则的建立，家长权威性的建立等，让孩子能够有基本的人际间的互动常识和体验。

• 家长要记住，孩子是自闭症，他能给予的情感回应和回报是很少的，甚至没有。很多家长付出多于常人的爱和热情，而孩子反馈的是冷漠无感，甚至还不如宠物的情感回馈多。时间长了，家长会感到身心俱疲。所以，家长一定要做好这个心理准备，以免心力交瘁。

• 希望患儿家长能组成团体，这样既可以互相帮助，也可以给孩子创造在一起见面的机会。也希望家长能争取社会给自闭症患儿提供这方面的资源，给他们提供支持。

多动症

自我控制能力匮乏的孩子

首先要强调，好动不等于多动，多动也不等于多动症。家长既不要给孩子贴标签，也不要放过真正的多动症。

多动症是非常容易被误解的疾病。孩子调皮好动，不守纪律，常被老师和家长认定是得了多动症。实际上，真正的多动症（注意缺陷多动障碍）是一种脑功能障碍，与大脑中的前额叶、尾状核、胼胝体以及多巴胺的分泌都显著相关。无论是欧洲通用的精神病诊断标准ICD-10，美国精神病诊断标准DSM-5，还是我国的诊断标准，对多动症的外在行为表现的描述有很多都是一致的。网上有非常多的诊断标准，基本都过于简化，容易让普通人给有多动行为的孩子贴上多动症的标签。

下面是最新修订的美国精神病诊断标准DSM-5中对多动症的诊断标准，必须A、B、C、D、E5项都满足，才是多动症。

A. 一种持续的注意缺陷和（或）多动—冲动状态，影响功能或发育，具有以下（1）或（2）特征：必需≥下列症状中的6条，持续时间>6个月，症状与发育水平不相称，并对社会和学业、职业活动带来直接的不良影响。

这些症状不只是对立行为、违抗、敌意或不理解任务和指令。对于青年和成人（≥ 17岁）至少应有5条症状。

（1）注意缺陷症状

a.经常不能注意细节或经常在学校、在工作或在其他活动中犯粗心的错误（如忽视或漏掉细节，工作不精确）。

b.在完成任务或活动中，经常维持注意困难（如在演讲、谈话或长篇阅读时）。

c.当和别人直接交谈时，经常似乎没有倾听（如即使环境并没有明显干扰也经常走神）。

d.经常不能遵守指令，并且不能完成功课、家务或工作（如刚开始工作很快就分心，并且容易转移目标）。

e.组织任务和活动经常有困难（如维持任务顺序困难，乱放物品、材料，工作组织混乱，时间管理无序，不能按时完成任务）。

f.经常回避不喜欢或者勉强从事需要维持脑力的活动（如学校活动或家务，对于青年或成人来说还有准备报告、完成表格、阅读长篇文章）。

g.经常丢失完成任务或活动必需的物品（如学习材料、铅笔、书本、工具、钱包、钥匙、书面作业、眼镜、手机）。

h.无关刺激经常容易引起分心（对于青年和成人可以包括无关想法）。

i.经常忘记日常活动（如家务、杂事，对于青年和成人还包括回电话、付账单、赴约会）。

（2）多动和冲动症状

a.经常扭动不安、坐卧不宁。

b.常在需要安坐的场合难以控制（如在教室、办公室或其他工作环境或需要坚守的环境经常擅离职守）。

c.在不适宜的场所经常奔跑和攀爬（青年或成人可限于不安感）。

d.经常不能安静地玩耍或从事休闲活动。

e.经常不停地“活动”，似“有发动机驱动”（如在餐馆、会议场所，时间稍有延长就坐立不安，不能与大家同步）。

f.经常说话过多。

g.经常他人问题还未说完，就急着回答（如接话、插话）。

h.经常不能等候（如排队）。

i.经常打断或干扰别人（如粗暴插手于谈话、游戏或其他活动，未经许可随便使用他人物品，对于青年和成人还包括干扰或插手别人正在做的事）。

B.症状出现在12岁之前。

C.症状出现在2个以上的环境（如在学校、家庭、餐馆、课外班、图书馆等）。

D.症状明显地影响了社会、学业和职业功能。

E.症状不是由精神分裂症或其他精神病性障碍引起，也不能由其他精神障碍来解释（心境障碍、焦虑障碍、分离性障碍、人格障碍、物质依赖或戒断）。

看到这些描述，大多数老师、家长都会很吃惊，因为很多孩子都会在一定的年龄或情境下表现出其中的几条，如忘带作业、不听指挥、说话过多，等等。很多孩子会有一些多动行为，因为孩子好奇心强，易冲动，自控力差，社会经验少。但是，偶尔表现出多动行为或经常表现出某一种多动行为，并不意味着就是多动症，千万别随便给孩子贴标签，更不要随意诊断、治疗。

1.千万别乱贴标签

只要家长细心，真的生理原因为主要因素的多动症与只是具有一些多动行为，是能够辨识出来的。真的多动症患儿任何情境下都多动。有的孩子写作业不专心，玩游戏或拼乐高能专注半小时甚至一两小时，这就不是多动症。有的孩子在家里淘气，在陌生环境很乖觉，这也不是多动症。

有一个9岁的男孩被妈妈带来求诊，因为学校老师建议孩子去医院查查是否有多动症。据老师反映，孩子课堂上走神，玩铅笔盒等小动作不断。孩子刚转入这所寄宿学校不到3个月的时候，生活老师也反映，他在宿舍里不能安静待着，有时拿同学的毛巾等物品主动挑事，跟同学处得不好。在我们坐下来交谈的前20分钟，这个男孩一直比较僵硬地以同一姿势坐在椅子上，但他的手在不停地搓椅子垫，擦把手，脚在蹭或轻踢椅子腿，确实一刻没闲着。20分钟后，彼此熟悉了，这个孩子变得爱说，也特别能说，语言逻辑性和用词的精炼虽不够好，但他特别想表达，说到高兴处，站起来在屋子里一边走一边东摸摸、西碰碰。我问他妈妈，孩子在家里什么表现。他妈妈说，在家里他有时能玩一上午积木也不出声，连水都不喝，有时候兴奋起来也说不停。另外，转学前没有老师说过他有问题，是转学后才有的毛病。

从时间和整体表现上我们可以看出，这个孩子还没有到多动症的地步。

2.努力了解做出多动行为的孩子

我们能看到的只是孩子的行为，请家长记住，孩子再小，他的行为背后也有一大串目的、策略、认识、情绪等内容。有的妈妈说："我知道，小孩子瞒不了我，哭闹就是想得逞，磨蹭就是因为贪玩不爱学习。"不错，那能不能再深入一些问一下，孩子为什么这么想得逞、这么不爱学习，他哭闹的前后都发生了什么，家里不同的人是怎么看待和对待他的哭闹的?

上述案例经深入调查后发现，这个孩子的父母由于工作较忙，孩子小学前是住在姥姥家的，但父母常回来看他。姥姥是个开朗的、爱聊天说话的人，家里还有孩子的两个姨妈。周末一大家子人外加另外两个孙辈一起聚餐，非常热闹，气氛融洽。孩子上的第一个幼儿园比较有名，但离家远，中途转回了离姥姥家近的普通幼儿园。小学先上的附近公立小学，后来姥姥身体不好，不方便接送了，而且母亲对学校的教育方式不满意，就转学到了这所私立的寄宿制小学。孩子从小得到家里所有人的喜爱，主动的管教、规矩虽然不多，但因为孩子不是外向大胆的孩子，家里人互相是有规矩的，孩子并未表现得过度任性，是比较懂礼貌、守规矩的孩子。而且，幼儿园和以前小学里的老师都认为孩子表现正常，至少没发现孩子比别的孩子更多动。

我的观察和后来深入调查的发现是，孩子对新学校很不适应，又比较担心姥姥的身体，在教室里听课的时候很紧张。孩子一开始是主动去摆正铅笔盒或书本，以免被老师批评，后来就不由自主地总要摸摸东西才会心安。在宿舍里，孩子很希望跟大家交好，可因为他是新转来的，其他孩子都有相对固定的玩伴了，他对宿舍里应该、可以做些什么不了解，所以坐立不安。他想主动跟别人接触，但是方法和分寸都没有把握好，再加上有调皮孩子欺生，所以在宿舍里的表现就显得很有攻击性、挑事。请家长记住，很多爱说话的孩子要么是习惯了以这种方式与人联结，让自己开心；要么也是用说话来找点儿事做，填补无聊或缓解压力。

3.过多的外界刺激和打扰造成孩子注意力不集中

有一个7岁的男孩，一年级下学期，老师建议家长带他来看是否患有多动症。这个孩子的话倒不多，但做事没有延续性，想起什么是什么，不听家长、老师的话，情绪易冲动。他妈妈反映他在家里也是这样。我让他父母在家里装了摄像头，把孩子的表现录下来拿给我看。父母自己的观察毕竟有盲点，而且天天和孩子在一起也不够客观。录像显示，孩子家的条件太好了，孩子的房间里、书桌上，各种玩具、模型随处摆放。孩子自己在房间写作业，一会儿妈妈进来在桌上放杯水，一会儿爸爸在外面喊“做完了没”。孩子受到的干扰和引诱特别多。

辨别真假多动症的一个办法是：假多动症的孩子注意力不集中，是因为他太活泼、太兴奋，这也想玩，那也想动；而真正的多动症的孩子是大脑的兴奋度不够，刚干一会儿这个，兴奋和兴趣没有了，就转移到别的事情上去了。这样的孩子从眼神能看出他的无聊感，也会出现疲倦、没意思的表情，与假多动孩子炯炯有神的双眼和旺盛的精力完全相反。真的多动症的孩子聊天时，一个话题没完会转移到别的话题，旁人能察觉他说着说着就忘了或心不在焉的状态。而假多动症的孩子虽然说得也是天南海北，但他要么不偏离主题，要么说的内容有延续性。

4.应对孩子多动行为的方法

多动症需要药物和心理双重治疗；多动行为需要家长在环境上和养育方式上做相应的调整以应对，而不是随孩子去。

首先，如果孩子兴趣广泛，精力旺盛，那么家长一方面给他多安排活动，另一方面也要引导他、陪伴他或约束他每一个活动都要专注、尽力。体育活动是不错的选择。上述例子中，孩子妈妈后来把孩子的房间归类整理了，孩子写作业时她坐旁边陪伴。刚上一年级的孩子，由于年龄小，还不知道怎么学习，家长可以陪伴，就像孩子刚学走路时大人在旁边护着或用手拉着一样，逐渐地放手。不用担心老陪着孩子以后会一直陪下去。陪是为了不陪。另外，这个孩子还报了一个篮球培训班，一个跆拳道培训班。现在孩子三年级，行为有特别大的改善。

其次，如果孩子的不守纪律不是因为兴奋度不够，坚持不住，而是因为从小缺乏管教养成了任性妄为的习惯，这也是因为家长在养育孩子时忽略了孩子的社会性发展。有的家长是因为自己被管制惯了，不希望孩子受到一丁点儿的管束；有的家长是认为孩子小，让他快乐就行，长大了、懂事了再立规矩不迟，或者长大了、上学了自然就懂了；有的家长则是纯粹溺爱孩子，或家里有人溺爱，有人不溺爱，又或不忍心管、管不来。总之，孩子对集体和他人的认识是错误的，产生“我干什么，别人都不会说不，都应该应和或喜欢”的幻觉。他们习惯了犯错被谅解，干什么都随时被允许，或给条件、给贿赂，发脾气就能达到目的等，并视之为理所当然。因此，他们在幼儿园或学校就不会考虑他人或集体。

英语中的liberty或freedom，在我国原本没有相对应的词。严复先生在翻译的时候，煞费苦心想到“群己权界”这个词。后来，日本翻译为汉字“自由”，传到中国，并被广为采纳。于是，大家忘了liberty的本义是找到并遵从他人和自己权益的界限，反而从字面上去理解为“由着自己的性子来”。在德国、美国和澳大利亚的小学里，纪律是非常重要的，“排队轮到你”和“说话前先举手，被叫到再说”是不用讲解，孩子都知道而遵守的规则。我们国家虽然学校里说守纪律，但有些家长根本不在意甚至反对规则与纪律。作为群体动物的人，若不尊重彼此的界限和双方的利益，就一定会有冲突和矛盾。家长如果不能及早让孩子有这个意识和习惯，孩子只好在其他环境中体验挫折、失望和困惑。家长应及早注意孩子的社会性发展。

最后，如果孩子小动作不断是因为内心紧张不安，那家长要去追溯孩子紧张的原因并予以应对，具体可参见第二章。

有的孩子与家长、同学沟通不好，家长可参见第三章。有的孩子道理都明白，但管不住自己，那家长要看一下，是不是任务太难或太简单令孩子失去兴趣，还是孩子不愿意、不喜欢这个任务或不喜欢在此时做，还是年龄太小，家长要求过高。有时候不是孩子想动，是家长、环境造成孩子多动。

5.家有多动症患儿家长应该怎么办

如果孩子确诊为多动症，首先要遵医嘱（儿科神经内科）看是否需要进行药物治疗。目前，国际国内对多动症的用药问题还存在不同的看法。对于脑功能障碍，目前的一些药物是有效的，但也都有副作用，所以一定要在专业医师的指导下进行治疗。

其次，家长不要责怪孩子，更不要当着孩子露出绝望、抱怨的情绪，因为得了多动症并不是孩子的责任。60%的多动症患儿有品行障碍，会偷拿别人的东西等。家长一方面要严肃地告诉孩子这是不对的，另一方面不要反应过激，尤其不要羞辱孩子。

再次，多陪伴，有耐心。当孩子兴奋度降低的时候，想办法引导孩子保持兴奋度。

又次，配合药物治疗，家长还要加强对孩子的行为训练，对孩子社会性的训练。如果长期合理治疗，患儿成年后的预后一般是好的。如果不治疗，多数患儿到少年期仍有冲动行为和学习问题，甚至30%的患儿至成年后仍有症状。

最后，心理治疗非常重要。多动症的诱发原因中有社会心理因素。家长面对患儿也容易失望、急躁。心理治疗可以帮助家长调整养育方式，促进与患儿的良性互动，及时处理情绪、行为等冲突。

智商低

精神发育迟滞的孩子

智力，或者说心智，是一个以先天为基础、后天持续发展的过程。心智是一个人各项思维能力的总和，用以感受、观察、理解、判断、选择、记忆、想象、假设、推理，而后据此指导其行为。这些能力依托于大脑的结构和功能。如果大脑有先天的生物学原因造成的结构或功能问题，表现出来的就是智力低下。

智力明显偏低甚至有障碍的孩子，更多是先天因素造成的。医学上把智力低下称为精神发育迟滞。只有在智力测验得分70分以下并在沟通、自理、人际交往、工作等方面也有严重缺陷的，才算精神发育迟滞。它与遗传、脑损伤等有很大的关系，与后天的养育方式无关。曾有一个患儿的妈妈，婆媳关系不好，一直怀疑孩子的奶奶带孩子时与孩子说话少，玩游戏少，造成孩子智力水平低。这是不正确的认识。

那么，怎么判断孩子的智力是否低下呢？我们有各类智力测验量表。对于无法做智力测验的孩子，医学界也有与孩子月龄或年龄相匹配的言行标准据以观察、测试。例如，1岁以内的孩子，眼睛追物，听到声音后找音源，抓握、翻身、起坐的相应月龄，语言的理解力，与母亲的逗笑相呼应的能力，陌生人识别等，都是指标。2岁左右的孩子，语言能力、语言和非语言的表达能力等是主要可参考的指标。

精神发育迟滞分四个等级：智力测验在20分以下的是极重度患者，20～35分的是重度患者，35～50分的是中度患者，50～70分的是轻度患者（占全部患者的80%左右）。精神发育迟滞的人在各方面的发展均极其不良，生活不能自理，寿命短于正常人。轻度患者中很多人是不容易被一下子分辨出智力低的，因为他们的表现与常人无异。轻度患者的智力水平可能难以应对初中或小学学业，但经过培训，他们可以完成较简单的工作，做家务和生活自理更是没有问题。

这里我要重点谈一下智商在70～90分的孩子。这类孩子不需要上培智学校，公立小学和中学的文化课成绩他们努力一下，是能及格的，但绝不会是名列前茅的状态。家长如果不能认识到孩子的情况，要求过高，让孩子上各种补习班等，会给孩子带来巨大的压力，造成心理障碍，表现为情绪的不正常甚至躯体化疾病。

有一个13岁的男孩，初一下学期开始，在学校放弃学习，上课时趴在桌子上睡觉。家长说他非常聪明，但是从小父母教育观点不一致，父亲非常严厉，打骂都有，妈妈就显得纵容孩子。尽管孩子在小学就有拖延的毛病，但在爸爸的高压下和一对一的老师辅导下，他中学考进了一所区重点的实验班，成绩相当不错。但是，初一上学期他就开始不用功、逆反，到了下学期干脆放弃学习了。家长能想到的办

法都用了，不管用，于是找我来咨询。

孩子跟我谈得很不错，思路清晰，用词准确，对自己和父母等人的分析都挺到位，所以我一直以为他可能有父亲的严厉对待造成的创伤，以及父母不一致的方式造成的适应不良。直到第五次访谈时，他告诉我，他的感觉是心力交瘁，他已经在小学把最后的力量都使尽了，现在一提到学习，尤其是数学，他就有一种绝望的心灵干裂的痛苦。我这才意识到，也许他的父母误解了他，他并不像父母想象得和描述得那么聪明，尤其对数学，他可能已经努力到极限。于是，我让他去测智商，结果是85分。

智力的遗传很难预测。有的孩子，父母双方都极为聪明，孩子的智商却只有80分。有时一家的两个孩子，大的智力超群，小的只差2岁，智商却只有90分。所以，请家长在看到孩子成绩不佳时，不要一下子就指责孩子不用功、贪玩，先考虑一下孩子是否真的很聪明。我这里接诊的绝大部分情况都是家长看不出来或不肯承认孩子的智力有问题。最明显的是一个7岁的女孩，我和她妈妈在室内谈话，她在外面跟护士玩。结束后，我让护士们猜孩子的年龄，她们都认为孩子也就4岁左右，因为她的表现也就4岁孩子的样子。可她的妈妈硬是看不到这个事实，作文、数学、英语报了3个课外班，还有钢琴和芭蕾舞。她认为孩子成绩不好是注意力不集中的问题，可测验的结果，孩子的智商只有73分。

接受孩子智力低，对很多家长来说太难了。我还记得一对外地夫妇带着7岁的儿子来北京，起因是孩子一学习就说头疼，他们查了很多家医院，脑电图、CT都查过了，没有任何问题，抱着试一试的希望，他们挂了心理科。由于见到的案例多了，我只要跟孩子谈几分钟，问几个问题，就能估计孩子的智商数大概是多少，误差在5分以内。这个孩子明显智力水平低，我给开了智力测验的单子，让妈妈预约做测验。妈妈说，其实她隐约知道孩子可能脑子不好使，因为孩子的姥姥曾经暗示过，不要要求孩子上大学，能学个手艺就行了。孩子的老师也总说不要对孩子要求过高。正说着，孩子的爸爸停好车上来了，进来后我把我的猜测和测验预约单拿给他，他一个身高一米八的大男人当时眼圈就红了。后来，孩子智力测验的结果确实不好。

很多家长把孩子智商低当成一件很羞耻的事。有个别人对他人的不幸不但不同情，还要说风凉话，而对智力低的孩子，更是笑话、耍弄、欺负。有的家长因此把孩子关在家里藏着，生怕人知道，也有的家长横眉立目做出过度的防御，伤了邻里亲友的关系。让家长放松心态，坦然接受现实，很难，每个家长都需要逐渐适应。所以，家长自己的心理调整也极为重要。家长是坦然平和的，还是自责羞愧的，还是愤愤不平的，会影响全家每一个人，尤其是孩子。

接受现实并不是说放弃，听天由命，而是给孩子与他的状态、能力相匹配的训练，让他能够发挥自己的最大天赋，不仅能自理，还能在一定程度上发挥社会功能。

在美国，智力低的孩子是应该上正常学校还是上特殊教育学校，一直是有争论的。建议上正常学校的认为不应给孩子区别待遇，应该让大家都明白人各有不同，学会包容和相互善待。这个初衷是好的，可现实是，由于孩子确实比别人慢半拍，其他孩子就算不歧视、不欺负他们，也不能玩到一起去，智商低的孩子还是会被区别出来。我国有些地区的培智学校办得不错，有些地区则不行。智障人士的就业机会也不够多。所以，家长们需要在这些方面想办法，就像自闭症孩子的家长们组织起来搞康复机构，呼吁社会关注一样，智障孩子的家长们也要靠自己的力量去争取。而且，相对来说，在智障孩子身上的努力，能更快见到效果。只要有人教，他们就能学会一些技能。他们也能很好地与人互动，见到的笑脸多，他们会主动回报笑脸。

智商在70～90分的孩子不算智障，不必去特殊教育学校，但家长们也要放平心态，对孩子的期望和要求与孩子的实际情况相等。这类孩子很多都有偏科现象。有一个10岁的男孩，数学从幼儿园时起就不好，但语言类就很好，中文英语不错，跟人对话也言来语去很恰到好处，看书也多。他很有可能将来在写作或当记者、文案等方面有发展。可是家里人认为，越是弱项越要补，报了奥数班，还请了数学家教，课余时间80%都给了数学。即便这样，孩子的数学成绩也不过七八十分，语文、英语不用额外费力都在90分以上。对弱项适当关注是应该的，要不然会越来越差，而小学、中学毕业是需要全部及格的。而且，强化训练也确实能使成绩有所提高。但千万不要过度了。这个例子中，由于过度强调数学，而成绩仍然不佳，孩子不仅对数学、对学习产生了恐惧和厌倦的心理，而且他也得出了自己数学就是不行的结论，自信心大受打击。

有一个11岁的男孩，智商75分，语言没问题，但作文和读短文总结大意怎么都不会。他说自己心里明白，写不出来。数学的计算没问题，应用题就是搞不懂。但孩子的空间、图形、色彩能力特别好。他更愿意用一幅画去表达读完一段短文后的感想，或者用画去代替作文。如果父母能早点儿了解孩子的特点，就不会报各种辅导班逼孩子的文化课了。他的父母说自己要求并不高，孩子每门课80分以上，达到良就行。他们不知道，即便80分对孩子来说也太难了，就像说让孩子的爸爸去跟刘翔比赛，结果只要差三个栏就行一样。他的父母非常用心，带他到处旅游，然后要他写游记和日记；带他去各种博物馆增长知识，给他买各种益智玩具或游戏。可是，孩子非但没有进步，还总是显得心不在焉、不耐烦，在父母眼里他就知道吃和胡闹瞎玩。于是，父母也会经常训斥甚至打骂他。小时候他不回嘴，现在11岁的他不但回嘴、顶撞，而且有时会暴力反抗。

大多数智商偏低的孩子为人老实、厚道，不耍滑头，不记仇。人的智力可能有差异，人的情感却是一样的。智商低的孩子虽不会乖觉地讨大人喜欢，但也不会伶牙俐齿地跟家长斗气。不表达不代表他们没有感情、没有感受。很多被父母发脾气责骂的智商低的孩子，时间久了也会反抗，但他们不会出新花样，基本是父母如何待他，他就镜面反射一样对待父母。

有一个厚道、善良、重感情的孩子是一种福气，父母要会珍惜，才能真正享受到这种福气。前面例子中13岁的男孩，尽管心里对爸爸很不满，甚至是怨恨，但当爸爸生病的时候，当爸爸跟他道歉的时候，他说他心就软了，能体谅爸爸也不容易。而11岁的那个孩子，因为父母都待他比较急躁、严厉，父母之间也互相埋怨、指责，没有温情，没有接纳，这个孩子是我目前见过的唯一一个有攻击性言辞和行为的智力低的孩子。所以，家长要以此为戒，善待孩子。

智商测量一定要到专业的机构去做，网上有很多测量或测验是游戏性质的，不能作为依据。无论是学龄前Gesell智力量表，还是学龄斯坦福—比奈量表、韦氏儿童量表，都是对孩子进行测试，所以孩子的状态很重要。孩子太困、不高兴、害怕医院或者就是不愿意的时候，测量结果都会有一定的误差。但是，医用正规量表已经把误差考虑进去了，除非是孩子有意不配合，乱答题目，否则不会有较大的偏差。

智商测量中分数不高不意味孩子傻，更不意味孩子不能有成就。对于人类的智商或智能，我们的研究还远远不够。20世纪80年代，心理学界兴起了多元智能理论，以美国心理学家加德纳在1983年提出的理论传播最广。他认为人有9种独立存在的智能，并与相应的脑区联系。

• 语言能力，指对词语的意思、发音、语言结构以及语言的多种用途的敏感性。这个能力出众的孩子能说会道，用词准确，或者能灵活运用词语，将来可以成为诗人、作家等。

• 空间能力，指能准确识别视觉空间关系，将感知到的内容进行转换，并能进行重现或再创造。这个能力出众的孩子将来可以成为雕刻家、画家、制图员等。

• 数理逻辑能力，指能在抽象的符号系统中进行运算和关系推理，并能对他人的想法进行符合逻辑的、系统的评价。这个能力出众的孩子可以成为数学家、科学家等。

• 音乐能力，指对音调和旋律敏感，能将音调与音乐段落合成大的乐章，能理解音乐中的情感因素。这个能力出众的孩子将来可以成为音乐家等。

• 运动能力，指能通过熟练地支配身体去表达或完成某种任务，能有技巧地运用器材。这个能力出众的孩子将来可以成为舞者、运动员等。

• 人际能力，指对他人的脾气、情绪、动机和倾向性能做出准确觉察和回应的能力。这个能力出众的孩子将来可以成为医生、政治家、销售人员等。

• 自知能力，指对自己内心状态的敏感性，对自己优缺点的认识能力，以及运用这些信息调整自己的能力。这个能力几乎对生活所有方面的成功都有用。

• 自然感知能力，指对在自然环境中影响生物体的因素和生物体对自然界产生影响的因素的敏感性。这个能力出众的孩子将来可以成为生物学家等。

• 对精神和存在的思索能力，指对人生的意义、死亡和人类其他条件因素等问题的敏感性。这个能力出众的孩子将来可以成为神学家、哲学家等。

后期的研究发现，这9种能力中的有些能力关联性很大，如数学和空间能力，运动和音乐等。另外，这些能力虽有相对应的脑区，但并不意味完全是天生的遗传因素决定，而是先天遗传与后天训练皆有影响，除非在某一能力上极其突出，甚至达到超常的状态。不过，这些智能并不都能被测量，也无法量化地评估。

家长一方面要能够尽早发现孩子在这9种智能上的天赋状况。例如，孩子说话早，而且相比同龄孩子用词准确或者句子的逻辑关系正确；或者孩子善于与人相处，讨人喜欢，能够觉察家中其他成员间的关系并加以利用。另一方面，家长要将主要精力放在发展、发挥孩子的天赋能力上，对孩子有所欠缺的智能也要通过训练等方法提高，但不要花过多的时间和精力。例如，一个初二的男孩，人际关系处理得非常好，能够细致地觉察他人和自己的情绪变化以及动机需求。可是，他的数学成绩不好，尤其是几何。如果进行常规的智商测量，他可能只能归为中等，但是他在人际关系上表现出的超出一般的能力，可能会让他在将来取得很好的社会成就。

无论是聪明的孩子，还是不聪明的孩子、智力发展有障碍的孩子；无论是有突出的某项智能，还是没有突出的天赋；如果能够在他的一生中，取得与他的先天条件相匹配的成就，和亲人朋友关系融洽喜乐，自己对生活的评价是满意的，那么就可以说他是成功的。

Part 6

好孩子也可能有问题

家长总是希望孩子没问题，怕孩子出问题，大体是出于2种原因：一种是感觉太麻烦，事情本来就多，还要去解决孩子的问题，或者怕老师、怕学校，不会处理矛盾冲突，表现出来就是烦躁、愤怒，怪孩子不争气、惹事、老捅娄子，或者怪学校、怪别人事多，无事生非；另一种是认为孩子出了问题就没救了，定性了，是坏孩子了，未来全毁了，表现出来就是焦虑、担忧，没问题时怕问题，为了预防或避免问题费尽心力，而一旦出了问题则悲观绝望，自尊与自信受损，给孩子贴标签，或者迁怒于环境和他人。

前面讲过，成长的过程就是试错的过程，错误与问题背后是孩子成长的契机。面对一个少年老成、从不犯错的孩子，家长要注意：

• 如果孩子该幼稚的时候不幼稚，该调皮的时候不调皮，该犯错的时候不犯错，请家长一定要警惕起来，观察一下孩子是否过度压抑、不开心。

• 家长要检讨自己是否特别害怕孩子犯错误；是否因为自己怕麻烦或者爱面子，所以不允许孩子犯错误。

• 家长要检讨自己是否对“孩子的错误”看得过于严重，因此在孩子没犯错误时过于焦虑，犯了错误后又过于恐慌。

• 家长要提升自己的认知和应对问题的能力，要透过问题看发生了什么，帮助孩子扩展认知、学会解决、增加智慧、磨炼人际关系，让问题成为一次次成长的节点，并学会发现、利用问题背后成长的契机。

过度自我压抑

心里难受也不会表现出来

下面，我举一个小学生的案例和一个高中生的案例，来看看过度自我压抑的孩子的成长缺陷。

第一个案例是一个三年级的女孩，8岁。她有一个学业非常优秀的姐姐，比她大5岁。父亲工作较忙，母亲曾经是老师，生下她后就当了全职妈妈。这个孩子从小很受妈妈喜爱。她妈妈说，在家里从来没有说过她，反而是和姐姐经常争吵，因为姐姐到了中学以后开始叛逆，学习不踏实。女孩从小就非常乖巧懂事，从来不曾犯过任何错误，父母稍微皱下眉头，她就马上不闹了，特别听话。上小学之后，老师也特别喜欢她，任命她为大队委，她自己的学习、纪律、课外活动都表现得非常好。

由于工作原因，我给这个学校的学生干部做过“领导力与沟通”的心理活动。当时，这个女孩上二年级，我注意到她的自我约束力特别强。我讲话时她坐得笔直，认真聆听，轮到她讲话时，先举手，然后站直了，抑扬顿挫地讲。说到有的同学不遵守纪律，在楼道里喧哗大闹，做眼保健操时不认真做、瞎胡闹时，她态度认真地说道："这样的行为是可耻的。"我听了，心里一惊，因为可耻这个词用得太重了。活动结束后，我就告诉她的班主任要注意一下这个孩子，担心她会出问题。她的班主任非常不以为然。过了半年多，她的班主任给我打电话说："曲老师，真让您说中了，××出事了。前几天她在操场上玩，一个平时比较调皮、老跟她较劲的男孩和她吵了起来。她推了那个男孩一下，就那么巧，男孩摔倒了，头磕在石头上，流血了。她当时跑到办公室来找我，手脚冰凉，额头上全是冷汗，脸都吓白了，跟我说，'我对不起您，对不起我爸妈，我做了一件特别不能原谅的事'，说完就昏倒了。这个孩子的身体一直不好，因为淋巴系统的问题，一直在吃中药，已经吃了好几个月了。"

长期、过度的自我压抑，会令孩子变得忧惧、抑郁，时刻处于应激状态。孩子非但不能形成放松的态度和良好的自我接纳，反而总会是紧张的、自我监督与否定的。外在的乖巧懂事并不是真的行为自律，而是因为害怕而不得不自我控制。时间长了，从身体上到心理上，孩子都会变得紧张、脆弱，累积到一定程度，一件小事都会导致崩溃。

第二个案例是一个上高一的男孩，16岁。据他妈妈说，他从小特别乖，很听话，自己甚至曾经担心孩子是不是太像女孩了。孩子初中阶段也很好，根本没有什么青春期叛逆。爸爸工作忙，不常回家。妈妈觉得孩子很能体谅父母，没有抱怨，也不瞎折腾。可是，一到高一，孩子一下就变了。他不跟妈妈说话，旷课，离家出走住朋友家，并扬言要休学，与朋友一起开酒吧。

妈妈说服他来找我一起做心理咨询。与他单独谈时，他说其实他一直不喜欢和认同父母，但是以前小，不知道怎么表达，就听他们的。初中时，他虽然表面不叛逆，但心里是非常纠结的。他思考了很多问题，也曾尝试与父母讨论这些问题，但是都没有成功。他知道父母都很辛苦，也不容易，所以他尽量做让他们放心、高兴的事。可是在心里，他又有自己的想法与追求。渐渐地，他与朋友们交流得越来越多，而且自信他与朋友们的友谊以及他和朋友们的事业（合开酒吧）是真诚的、深思熟虑的，一定能成功。

这两个案例基本代表了过度自我压抑型的孩子的情况。在没有能力去表达和实现自我时，孩子会令自己变得紧张、脆弱。由于外显言行听话懂事，家长会忽略孩子内在思想意识的变化，孩子也没有养成与家长交流互动的习惯和能力。一旦孩子长大到自以为有能力去实现自己的想法了，就会走向另一个极端，变得任性、随意、超自信，听不进老师、家长的话。有的孩子长大后，甚至成年以后，终生都会对命令、指责类的话非常敏感。一些夫妻关系案例中，经常有这种早年压抑过度，长大后自我放纵、随意妄为的情况。大多数人会两种情况伴随终生。有时候，即便已是成年人，仍挣不开早年自戴的枷锁，常常自我抑制，有时候又忍不住走向另一个极端。可悲的是，他们常常抓不准时机，常由情绪驱动，不必压抑时压抑，不该放纵时放纵，把自己的生活搞得一团糟。

两面派

当着老师、家长和老师、家长不在时，表现不一样

小学老师一般都有这种经验，从三四年级开始，班里就会出现几个当面一套、背后一套的孩子。孩子毕竟是孩子，他们的演技不是那么纯熟，不仅老师能看出来，同学也能看出来。家长相比老师要稍显迟钝一些，可能是没有别的孩子作比较，常常觉得自己的孩子挺好的，却不了解孩子在外面的表现情况。例如，我将关于孩子偷东西的文章发到我的微信公众号上，阅读量只有几百；而关于孩子智力、拖延等文章，发到同样的公众号上，阅读量都达上万。家长可能不觉得有必要看偷东西这篇，因为“我家孩子不会偷东西”。可是，据我女儿的班主任老师讲，她执教20多年来，带的每一个班里都有孩子偷东西的事情发生，而且大多数情况下家长都不知情，除非老师告诉家长。

学龄前的孩子也会有类似两面派的表现，如在家里很横，在幼儿园很乖；或在父母面前一个样，在陌生人面前一个样。这些表现是孩子自然发生的，不是两面派。两面派行为是上学后，孩子有意识地、主动地在不同

场合为达到自己的目的而故意表现出来的言行，有很大的虚假、伪装成分。

两面派的孩子的成长是扭曲的，因为他们往往是既得利益获得者，受到了正向强化，将来很难改掉。如果随着阅历和知识的增加，他们的价值观形成受到了各种负面的影响，这种孩子很可能变成伪君子，甚至发展出分裂的人格。也有的孩子一直处于纠结之中，讨好别人的行为不情愿，表现真我时又要拿捏好分寸，不能太原形毕露，随时都要有防人之心，活得非常不舒展。

也许，两面派的人格是被环境塑造的，因而也最能适应环境。但是，为了孩子的健康心理和健康人格，还是要提醒家长，警惕孩子的两面派表现。

丧失“自我”

大人说什么是什么

过度自我压抑的孩子虽然极力压抑，但孩子还是有自我的，尽管这个自我可能长得不成熟，甚至偏颇。在丧失“自我”型中，有太多的“好孩子”，他们的人生被父母编剧和导演了，彻底丧失了自我。

一个19岁的女性来访者亲口告诉我，她的小学、初中和高中是北京市西城区顶级的学校。高二的时候，她因抑郁症休学一年。现在马上要高考，她又想休学。她说：“这个人生有什么意思呢？就是考个好大学，找个好工作，结婚，生孩子，然后让我的孩子重复我做过的一切吗？如果人生都是这样预设好了的，我只需去演好自己的角色就好了，那么我可不可以不演？”她叙述自己抑郁症前的状态是：“看出同学的幼稚和老师的呆板，也看出家长的很多缺点。也想跟他们对着干，可反过来一想，他们也都是可怜人。不追随他们，也不叛逆、顶撞他们，我真的不知道还有什么可以干的，于是就越来越觉得活着没意思。”

还有一个28岁的男性来访者，其父亲是知名企业家。在初中的时候，他有一阵子很叛逆，妈妈管不了，爸爸正是事业最吃紧的时候，没时间管。爸爸不愧是管理人才，知道如何用专业的人去做专业的事，于是请来当时著名的老师，给孩子做一对一的辅导。孩子说，当时确实解决了心里的困惑，非常认同老师的理念，充满正能量地考上了高中。到考大学前，他再一次有些怀疑，因为不想考爸爸希望他学的专业。这次爸爸请了位成功学大师给他做一对一辅导。这次辅导也很成功，他说他看清了自己的使命和家族的前景，心甘情愿地报考了父亲指定的专业。大学里谈的恋爱被父母否定后，他曾再次消沉。不喜欢所学专业也令他成绩很差，多次补考，差点儿无法毕业。这次又是那位成功学大师帮助了他。他决定出国读研究生，爸爸非常支持。在国外读硕士的两年是他最开心的两年。他不想回家，于是又考了博士。在答辩前的一周，他突然感到极度的恐惧，虽然老师说他的论文和其他准备都没问题，答辩一定会通过，但他仍然惊恐焦虑。一夜未眠后，他连换洗衣物都没拿，直接去机场买票回国了。他在国内被精神病专科医院诊断为抑郁焦虑急性发作。在心理治疗时，他的父亲说："可是你一直表现得不错啊，那几次挫折也在老师的辅导下顺利度过了。你几个月前回国参加奶奶的生日聚会时，还意气风发，很阳光的样子，多少叔叔阿姨让他们的孩子向你学习啊。"他回答："我那是在演戏啊，我知道你们期待我这样表现。好吧，我就演得阳光、积极，是你们的好儿子，是家族的未来。可是我心里真的发虚，我知道自己的底细，我不相信自己是家族的未来。可我是什么？我能干什么？我同样不知道、不相信。”

自我概念的清晰成形是从十一二岁开始的，自尊与自我价值的建立也随之而来。一个一直听父母的话，听父母安排而没有自我探索、自我尝试的人，在成年后不可能完成复杂的社会功能，不可能独立于社会。一个从小特别乖、没问题的孩子，只是出问题的时候没到而已。问题要么出现在青春期，要么出现在大学里有了自由的时候，要么出现在婚恋的亲密关系中。最可怕的是，生了孩子、在养育孩子的过程中，问题暴露出来。那时的代价会更大，而且会殃及他人，甚至毁了自己的孩子。

过度自信，抗挫力差

一丁点儿的负面评价就受不了

有的孩子在成年前一直很让家长和老师省心，从没出过什么大问题，这是因为他们能及时自行修正一些小问题，并努力避免大问题。出于害怕被批评也好，出于想获得表扬也好，出于想出人头地、凸显自己也好，总之人家一帆风顺，是传说中的“别人家的孩子”。这类孩子一般天分较高，要么是学习的天分，要么是审时度势的天分，等等。总之，他们有觉察、有反思、有决心毅力，才能做到外人眼里的从不出错。

校园环境毕竟单一，人际关联与互动，或者说人际冲突和利益纷争也不复杂。如果有的孩子一直顺利地在学校里读下去或者工作单位也比较单纯，也就是说，环境和人际关系同质化比较严重，自己没有机会得到复杂社会处境的历练，家庭成员之间尤其是父母也没有多样化的社会生活，对孩子的养育态度和方式也一直比较单一，那么这种顺利有时候反而不利于孩子的社会化，不利于孩子的能力和人格的全面发展。

1.过度自信，自以为是

有些孩子的成长经历证明，一切皆在自我掌握，只要勤奋、听话，只要付出，就能成功。在生活中，我常常听到不止一位成功人士说："只要我想干的事，一定能干好。这世界上还没有我干不好的事情呢。"这种自信如果只涉及自己的事情，如考试、完成报告等，还不至于引起问题；一旦涉及与他人的分工合作，无论是在工作场所还是在家里，他们的过度自信不仅影响事情的处理，而且会影响与他人的关系和感情。

2.认知和思维狭窄

学校里的很多事情都是有标准答案的，好就是好，对就是对，虽然达到目的有不同的办法，但结局、结论基本没什么变化。这些就决定了孩子的思路和办法也变化不到哪里去。可惜，真实的世界里，尤其是家庭生活中，没有那么多明确单一的好坏对错，也常常没有固定的结局或结论。这会令孩子困惑、恐慌，会变得适应不良或强行控制，进而造成事情受阻和（或）人际关系不良。

3.应对方式单一

应付学校里的事情，只要自己下功夫查书、学习，还是很有效果的。结果，很多人虽是终身学习，却是终身学校式学习，而不是从孩提时代就应该发展的社会学习。这类孩子成人后遇到问题也常常是去查书、去学习。在某些事情上这是有效的，但是很多事情，如孩子7岁了还尿床，老师反映孩子在学校欺负同学，和另一半在育儿问题上不一致等，就不是靠翻书就能找到答案和办法的了。

4.攀比，特别在意别人的评价

这样的孩子常常以外在标准为标准，对于别人是否认可、佩服、夸奖等非常在意。有些人比完老公比孩子，比完花园比房子……把高智商和自控力白白浪费了，自己生活得并不舒展放松，不能享受生命所赐予个体的美好。

5.抗挫折能力差

有的人表面上好像遇到挫折没关系，再次努力之后又会获得成功。但这不是最佳的应对挫折的方式，因为归根结底，他们仍然是在靠一己之力去应对，而不能对挫折产生不同的看法，不能忍受挫折带来的被别人评价、被别人甩下来的事实，不能调动各种资源去应对，不能主动求助……他们过一个坎儿，付出的更多，体验的痛苦也更多。

有的人能在后来的人生中继续学习、扩容，有的人则持续固有的模式，用过去成功的经验造就的认知行为模式，把自己早早地束缚住了。结果，一出问题就是比小时候的错误严重得多、代价也特别大的问题。

Part 7

孩子的问题哪儿来的——父母要做孩子的“知心人”

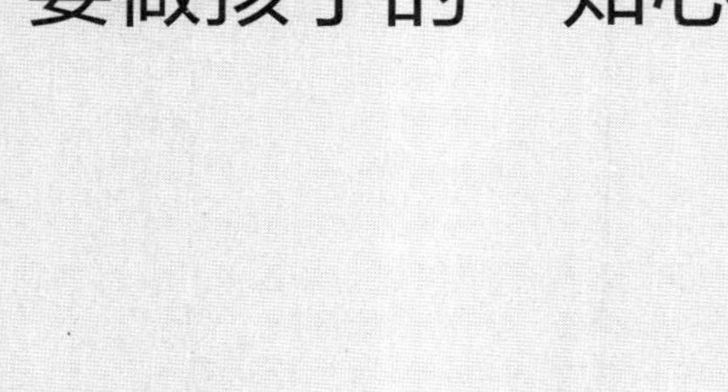

孩子出生时没有先天的问题，后来的成长环境也没有大的问题或缺陷，也没有发生过重大的生活事件，而孩子却表现出心理行为问题，那么家长的养育态度和方式一定是造成问题的主要原因。我根据对家长和家庭的多年的咨询工作，特总结出这一章节的内容，希望家长承担起责任，从自己查起，让自己成长、进步，而不是一有问题就归因于孩子。

孩子的问题父母“造”

过分焦虑的父母

我收到的很多经过微博、微信公众号和朋友圈等网络途径征集的问题，都是伪问题，也就是说，并不是孩子的言行表现不当，而是家长过度焦虑了。家长为什么会过度焦虑呢？

1.信息缺乏

信息缺乏导致困惑，困惑导致恐慌，恐慌导致焦虑。过去的社会形态，多是家族或者全村聚族而居，城市里的街坊或者大院内的邻居走动也非常频繁，加上孩子多，家长自然就会看到不同年龄段的孩子的各种表现，也会听到有经验的人的各种评论。而现在的居住环境相对比较封闭，邻里间、亲友间的走动不多，孩子数量减少，而且大多送到各类同龄的早教班、兴趣班等外托机构，父母对于孩子在不同年龄段的心理和身体成长指标不甚了然。很多家长要么不知道孩子的表现是否属于正常范围，要么把孩子想“大”了，经常希望三四岁的孩子有六七岁的表现，或者六七岁的孩子有十来岁的状态。这种对孩子的误解或不当期待与要求，就会令家长“看到”孩子的种种“问题”，而事实上，孩子的表现是在正常范围的。常见的例子有，要求两三岁的孩子与小朋友分享玩具，要求四五岁的小朋友不拖延又有专注力，要求六七岁的小朋友学习、写作业自律，等等。

2.信息混乱

信息混乱甚至误导，导致焦虑。如果只是信息缺乏，家长缺少对孩子的了解，只要增加知识就好了。可惜的是，现在的各种真假育儿知识太多太乱，信息来源也同样复杂无序，让很多家长无所适从。更可怕的是，在名利等商业利益的驱使下，有些商家或个人在故意夸大一些信息，人为制造恐慌焦虑。家长需要随时保持警惕，多听多看，才不会上当。

3.产后抑郁

产后抑郁症是一个越来越多被提到的名词。很多人以为生完孩子体内激素的变化造成了抑郁症。这是一个误解。单单是生产后激素的变化不足以诱发抑郁症。产后抑郁症里的这个“产后”，表明的是抑郁症发作的时间，而不是原因。孩子出生后，女性社会角色的变化、人际关系的转变、对养育孩子的知识和准备不足而造成的焦虑等因素引起的适应不良，才是产后抑郁症的诱因。

如果真的被诊断为产后抑郁症，那么药物治疗和心理治疗要双管齐下，因为产后抑郁症的发病原因中，社会因素和个人人格问题占更大的比例。

大多数女性虽没有严重到产后抑郁症的程度，但都多少体验过一些症状或者感到难受。这是生活发生了重大变化后非常正常的反应或者状态，是一种应激反应，也可以看作适应不良。

常见的引起产后抑郁情绪的社会心理因素有：

• 怀疑，对自己是否能够带好孩子没有信心；

• 困惑，尤其是第一次当妈妈，完全不了解应该怎么做，对于孩子的啼哭不知怎么办才好；

• 焦虑，担心孩子和自己的健康等；

• 失望，对丈夫或者婆婆、母亲等亲人有很多期待，但对方的表现没有满足自己的期待；

• 气恼，与亲人在坐月子、带孩子等问题上有不同意见，沟通不畅；

• 由以上原因造成的自怜、自卑、愤懑、恐惧等情绪困扰。

所有的人在生完孩子后，尤其是初产，都会有上述烦恼。产后激素的变化会令产妇一方面变得盲目慈爱，全身心投入到孩子身上，另一方面会变得警醒，对环境中于孩子不利的因素会更加敏感。

一个人如果人格结构比较稳定、成熟，环境和他人的支持与配合也比较好，就能够逐渐适应这个巨大的变化。如果以前就累积了很多微创伤，尤其是与婆家或者自己的父母一直有压下来的矛盾，就会借着这个时机爆发。产妇和家人如果在沟通方式、处理问题和冲突的方式、情感和行为模式上存在问题，或者环境和他人（月嫂、父母或公婆）确实不如意，就会令产妇适应不良，导致产后抑郁症。

可见，要想逐渐适应家庭生活的变化，更多的是需要自己努力调整，一方面克服自己的情绪问题，增长育儿知识，调整心态，另一方面加强与亲人的沟通。不要害怕冲突，但也不要以发脾气来代替冲突的解决。这些既需要产前做好准备，也需要在生产后多努力。很多人能够逐渐适应与调整，但如果感觉仅靠自助效果太慢太小，那么要及时求助于专业心理咨询人士和（或）精神科医生，必要时采取药物治疗和心理治疗双管齐下，以免状态恶化。

病急乱投医的父母

一旦家长发现了孩子的问题，或者被老师反映了孩子的问题表现，很多家长就会非常着急，恨不得立刻让孩子改掉坏毛病，回归正常。如果孩子真的表现出了异常言行，家长首先要冷静，注意以下几个方面。

1.躯体化表现与行为表现

家长容易头疼医头、脚疼医脚，看到躯体化表现，如抽动症或者遗尿、尿频，就去找中医、西医治疗；看到行为的表现，如拖延、注意力不集中，就想办法矫正。而大多数时候，孩子的躯体化表现和行为表现是我们所说的“症状”，其背后往往有深刻的社会心理因素，那才是真正的病因。心理咨询就是要做出准确的诊断，查找真正的病因。

2.先天原因

上面说的社会心理因素，是所谓的后天因素。先天的遗传因素也不容忽视。我的学生曾经问我：“您经常会在回答家长的提问时提到先天因素，可先天有问题的概率很小，您为什么经常提到？” 确实，人群中先天发育问题和遗传因素占比不大。但在有问题行为表现的人群中，先天发育问题的占比就很大了。孩子越小，越是如此。

3.专家很多，怎么知道他能不能帮助自己

现在的咨询渠道非常方便，网站、微信、微博、手机APP等，比较容易接触到咨询师、老师或者专家。这些人，包括我，也在以各种方式传播一些理念、知识并给人答疑。那么，怎么判定这个人就一定能帮助家长解决具体问题呢?

首先，看家长自己想要什么样的帮助。如果是孩子在幼儿园或者学校遇到的学习问题，可以找教育背景的专家；如果是疾病问题，找医生，尤其是儿科医生。其次，看专家的理念家长是否认同。现在的各种理论很多，有些甚至互相矛盾，家长自己要有一定的辨别能力，不是听起来有理就一定对。再次，看专家的经验。如果他是个人经验结合读书思考，给别人解答问题时总是举自己家孩子的例子，那么要慎重一些。另外，有的人是优秀的教育工作者，但未必对家庭内部的人际互动和矛盾冲突有了解；有的人能融会贯通各家的理论，却未必有实际的经验。一般来说，家长问几个问题，看专家是针对问题回答，还是给讲一些道理或者他们家的故事，家长就能以此分辨了。最后，术业有专攻，有学术研究能力、有名气、有文才会写作等，不一定能帮助解决具体问题。咨询，尤其是心理咨询，是专业化程度很高的职业。如果家长决心正视并解决自己遇到的问

题，而不是东问问、西问问缓解自己的焦虑，那么要慎重并认真地去挑选专家。

照本宣科的父母

没有书、没有科普知识的时候，我们或者延续老的经验方法，或者想当然地养育孩子，弊端显而易见。现在亲子育儿书很多，可是坏处也同样明显。“照书养”固然解决了家长的一些困惑，提供了知识，但是孩子毕竟不是产品，亲子育儿书也绝不是产品说明书。

育儿离不开生活常识。亲子育儿的知识、心理学的知识、教育中得来的经验等，都是从生活中提炼、抽象出来的。有的人读了书以后太教条，把书放在生活之上、之先，那就一定会出问题。

警惕过期的、片面的、夸大的、刻板的信息，尤其是心理学知识。首先，心理学本身也还在发展中，我国的心理学又曾经停止过几十年，现在很多早已过时并被证伪的理论仍在国内流行，例如左右脑分开训练，等等。其次，实验室条件下对某一项心理过程或者能力的研究，不能被用来泛化为整个人的正常状态下的主要或者全部。例如，记忆很重要，但是学习并不仅仅只靠记忆。在此强调一下，一个人的思维、情绪、行为，是在各种因素的综合影响下形成的，除非是非常极端的情况下，否则生理的、先天的、环境的、他人的等因素都是各种程度不同的“相关”，而不是“因果”。

只凭看书，学不会开车和游泳，更何况育儿。带孩子一起生活是一件自然而然的事。生活是由大大小小的事情累积起来的，没有任何一本书能把所有的生活细节都考虑到并讲出来。即便这本育儿书的内容全面、真实，也只是一个指南针，不是地图。家长切记，不要以为看了一本书就掌握了育儿的全部真相，其实差得还远着呢。家长一定不要教条、不要主观，一定要多摸索、多反思、多探究。

非黑即白的父母

我遇到过一些家长，当他们明白了自己的养育方式有欠缺后，立刻表示回去改。怎么改？原来管太多，现在不管了；原来太忽略，现在紧盯着。但好的养育方式绝不是极端的，不是从一个极端变到另一个极端就对了。有的家长会因为自己童年成长经历中的缺失，现在过度补偿孩子；感觉自己被严厉对待的，现在纵容孩子；感觉自己缺少关注的，现在使劲关注孩子……这又是另一种极端。下面列出的是几种要注意的常见的极端。

1.散养不要过度

“散养”是个比喻。三五成群的鸡在随处溜达，它们所过之处，有草籽、小虫子、小石子帮助消化。所以，散养的它们不但健康成长，而且因为自由，因为社交而心情愉快，据说营养价值更高。

如果一只鸡在随处溜达，而且没有草、庄稼、水洼、小石子，甚至没有米粒、馒头渣，这只鸡只会饿死。

家长管得多或者不管，都是从家长的角度去考虑的，却忽略了孩子是需要管，还是不需要管，孩子需要管什么，不需要管什么。很多崇尚散养的家长，他们对孩子的完全不管也会在一定程度上给孩子带来长久的伤害，如错过了从他律到自律转换的关键期，让孩子变得散漫、任性。

2. 关心与关注不要过度

过度的关心与关注，就是眼睛紧盯着孩子，不给孩子成长的空间，剥夺了孩子亲身体验的机会，造成孩子无法了解自己的真实需求。过度的关心会让孩子变得自我中心，被动等待别人来主动关心他，而不能同样地对待别人。过度关注下的孩子反而是困惑的、自卑的，而且和家长的关系不是真正友好的，因为过度关注是一种变相的控制和弱化，并不是真正满足孩子成长的需要，孩子会有种种不满，却又无能、无力反抗。这样的亲子关系不是正常的互动，而是互相觉得对方过分，自己是付出者、受害者。

给予孩子过度关心的家长，常常是以下这几种情况：

• 过于焦虑，总担心错过什么，所以提前准备；

• 成就取向，迫不及待地想让孩子赶快成长；

• 过度补偿，总觉得自己小时候没有得到足够的爱和关注，就过度地给予孩子；

• 夫妻关系不好或者是单亲家庭，于是家长全部的情感和精力都集中到孩子身上，从孩子那里获取情感的互动；

• 工作上不顺利或者没有机会、没有追求，从养育孩子的工作中获取成就感；

- 一贯强势，能力太强，亲子育儿也同样用力过猛，过度控制；
- 刻板地照着书带孩子，把孩子变成育儿书籍指导下的试验品。

所以，家长发现自己过度关注孩子时，也许是时候改变自己了。

3. 要尊重，不要捧杀

很多人貌似尊重孩子，其实是把孩子架在了一个不符合他的认知、行为和社会性发展的位置，反而造成对孩子成长的阻碍。最典型的例子就是，生不生老二要征求老大的意见。

首先，尊重孩子不等于惯着孩子、纵容孩子。尊重的是孩子的生命权、人权、人格，而不是服从孩子的脾气和行为惯性。前面讲过，人的天性也有自私、懒惰等方面，孩子碍于其认知和经验，更是需要家长的引导和约束。

其次，尊重孩子并不等于把孩子当成家庭的核心，不等于孩子的利益和需求总要放在家庭决策的首位。如果在家里，不论什么事情都是以孩子的利益为准、为先，会造成孩子的错觉，以为这个世界就应该以他为核心运转。这种认识和经验的建立，显然不利于孩子社会性的发展。

最后，如果是真的尊重孩子，那就要认真听取对方的意见，纳入决策考量。可更多的家长只是表面尊重，跟孩子商量，其实是软磨硬泡要孩子说“是”。我称之为“温柔的命令”。所谓商量，就是孩子可以说是，也可以说否，而事实是家长不能接受孩子说否，怎么也要让孩子说是才行。这是尊重吗？这不是尊重，却打出尊重的旗号，让孩子更痛苦。

4.要教育，不要控制

孩子需不需要教育？当然需要。问题的关键是，孩子需要什么样的教育，需要被谁教育。

我很不喜欢“教育孩子”这种说法。“教育”一词，指出了主体与客体、施与受、高与下，以及教育目标、教育方法等非常程式化的东西。而家长与孩子是亲密的一家人，是互相的给予与接纳，是互相的包容与促进，是互相的陪伴与扶持，没有主客、没有高低、没有教条的目标与方法。

在家庭，先搞好家庭生活，然后再谈教育。别把家变成第二教室。孩子将来能遇到很多老师，在家里，他期待的是亲爹亲妈，所以别把自己变成老师。

总想着教育孩子的家长，默认前提是：我是对的；我掌握的理念和要教给孩子的内容是对的；我的行为就算有不对的地方，我的初心是对的。于是，家长永远正确的根基就先建立起来。孩子如果不感激，至少要理解、体谅，所以应该服从。在这样的逻辑下，孩子就被放在了家长的对立面，而不是肩并肩地与家长站在一起。

父母有许多要传授给孩子的，孩子也期待父母的指点和引导。这种传授更像是师傅带徒弟，而不是正襟危坐的教育。

唯孩至上的父母

就像植物离不开它的环境——土壤、水和阳光，孩子也是在一个环境中成长的，这个环境是他最初世界的全部，是他的安全基地，将来他出去探索世界，这里也是不变的、安全温暖的大后方。这就是父母的家，是他的原生家庭。

在家庭这个小社会中，有些家长没有把孩子的位置摆正．把他摆得过度珍贵了。在孩子特别小的时候，我们是要特别关注孩子的需求的，如冷暖、长牙前特别的饮食关注、辅食的添加等。但不是把孩子变成全家的中心。如果家长从态度上已经把孩子当成一切的一切，那家长本身已经是在溺爱。

有的家长溺爱，有的则是过于严厉，只不过不是声色俱厉，而是唠叨。也有一些家长，原来自己当孩子的时候怎么被对待的，现在也怎么对待自己的孩子。可年代毕竟不同了，这样做是远远不够的。

由于缺乏横向的比较，家长容易把孩子看得大了，尤其是孩子年龄小的时候，所以对孩子的要求就显得过于严格、有点儿脱节。这种过度要求、拔高的做法，会让孩子变得懦弱，或者畏缩、无所适从。如果再加上有的时候严，有的时候又不严，孩子就会更困惑、更扭曲了。

育儿之前，我们要先学会做父母

现在很多人都会说一句话，“和孩子一起成长”。这句话有失偏颇。如果是在不知道自己不足的情况下，在养育孩子的过程中逐渐认识到自己的缺陷，并及时反思和调整，还可以说是与孩子一起成长。如果事先就知道自己有不足，却没有主动先于孩子学习、成长，那就是拿孩子当陪练，是不负责任的。下面列出我案例中常见的父母的缺失，供家长参考。

走出育儿的误区

1.关于胎教

医学对胎儿在子宫内的发展现在已经得出较翔实的研究结论了。胎儿的视觉和听觉的发展，以及大脑的记忆、认知等功能，是在出生后才真正开始的。所谓的胎教，听音乐也好，愉悦心情也好，更多的是为了保持产妇的精神状态。至于通过胎教让孩子提前学习外语、数学、音乐，是无稽之谈。迷信于胎教的家长要反省的是，为什么自己如此急于让孩子通过胎教学习：是追求成绩，希望通过自己的努力让孩子提前学会知识；是惧怕错失机会，让孩子变成失败者；还是宁可信其有不可信其无，只要人家说有就容易相信？无论是哪一种，其都反映出家长自身对成绩的过度重视以及自己缺乏主见和判断力。胎教也好，早教也罢，孩子的心理发展有其规律，千万不要揠苗助长。

2.关于左右脑开发

20世纪六七十年代，美国神经生理学家斯佩里教授与脑外科医生加扎尼加一起研究了多例裂脑人（因某些原因用手术切断左右脑的胼胝体、海马以及前联合），得出了一些左右脑分工的结论。斯佩里教授因此获得了1981年的诺贝尔医学和生理学奖。

左右脑分工的观点尽管还缺乏很多依据，但教育、心理、管理、出版、培训等各界人士全都动了起来，开始利用左右分工做文章。虽然斯佩里于1982年在《科学》杂志上撰文呼吁警惕对左右脑分工说的滥用，加扎尼加博士也在1985年出书批驳了一些左右脑分工的教育观点，但几十年来，左右脑分工的不确定学说已经构建了一座庞大的教育理论大厦。事实上，裂脑人与常人是不同的，虽然左右脑有功能偏侧化，但是没有任何证据证明正常人的左右脑有明确分工。任何一个心理活动都是左右脑合作完成的。

以语言为例，很多人都知道语言是左脑的偏侧化功能，左侧额叶的布洛卡区和左侧颞叶的威尔尼克区主要负责语言产生和语言理解。但语言不仅仅是说话，它还涉及调取过去的记忆，这又涉及海马复合体等非语言区的神经回路。语言还是交流沟通的载体，语气、语调、重音等情绪的表达则是大脑右半侧负责。所以，当孩子说出“妈妈我要吃糖”这句话，已经是全脑合作才能完成的任务，无论男女、年龄，概莫能外。

3.关于敏感期

敏感期被过度夸大了，错误归因会耽误孩子的成长。

究竟什么是敏感期呢？科学家发现，在出生后，人类有很长的发育成长期，尤其是神经系统的发育及心智的发展。这些后天的发展会有一些比较重要的时期，发展心理学研究就把这些时期叫作敏感期。在这些时期，某项能力的发展是最佳的，不过错过了也可以弥补，只是要吃力一些。例如，语言发展的敏感期是0~12岁。如果在12岁以前孩子被剥夺语言环境，听不到任何人类语言也看不到手语，那么12岁以后再学语言就非常吃力了。但这种外界环境条件属于极端型，生活中很难遇到，所以孩子很难完全错过语言敏感期。

正是因为大部分孩子自然会在相应的时期接受相应的刺激，所以敏感期后来不再被重视和研究。

因此，对孩子的外显行为必须正确归因才能掌握孩子的成长规律，才能根据成长的需要养育孩子。有些错误的归因，会影响正常生活和对孩子的养育，就必须改正。下面举个例子，看看错误归因敏感期是如何影响了孩子的养育。

有一位家长说她家孩子在2岁左右的时候到了“秩序敏感期”，所以什么事都要求守秩序，错了次序就不行。可有一次没按照固定顺序操作，孩子就换睡衣睡觉了，妈妈想让孩子起来洗脸，孩子哭闹不愿意。妈妈很奇怪，孩子处于秩序敏感期，为什么让她按顺序来她反而不愿意了呢？

如果我们不把孩子的哭闹归因为敏感期而是归因为“知情意行”，就会看到，2岁的孩子在认知上并不会理解睡前洗脸有多重要。而在情绪上，她已经换好了睡衣，调整到睡觉状态了，此时让她起来，她肯定不愿意。当妈妈不断催促她，令她烦恼，她就哭闹抗议。可见，孩子的思维跟秩序无关。

那么，家长可以怎么做呢？由于孩子的认知只发展到一定的程度，讲道理是没用的，他没法听懂抽象道理。孩子此时的认知很多来自体验。家长如果能够打湿毛巾拿过来给孩子洗手洗脸，用自己的行动表明这件事的重要性，并让孩子亲自体验到洗完脸的舒服感，这就扩展了孩子的认知，情绪上也不会挑战孩子。下次，孩子会多明白一点儿为什么要先洗脸，洗了脸舒服，而不是因为秩序是洗脸换睡衣。孩子成长就是在不断扩展认知，增加行为方式。如果一味归因敏感期，反而会耽误孩子扩容成长的机会。

了解孩子的心理和人格的发展规律，就能够根据具体情况去分析。总之，孩子在认知和行为上的拓展，情绪体验的增加，也是心理人格的成长。家长既不要错误归因敏感期，更不要被敏感期吓到，害怕错过了就耽误了孩子。其实，顺应孩子的身心发展规律，给孩子发展的空间和尽可能提供好的条件，也就够了。

4.关于感统失调

感觉统合理论，是美国南加州大学临床心理学博士简·艾瑞斯率先提出的，描述了中枢神经系统中的大脑如何综合处理各种感觉信号（如视觉、听觉、嗅觉、味觉、触觉、前庭觉、本体觉等），并将指令传递到神经末梢。

这里涉及的关键点是：

- 各种感觉是否准确，还是有缺陷；
- 各感觉信号传入大脑；
- 大脑进行综合处理；
- 大脑的指令传给运动系统；
- 运动系统表现出来具体的行为。

这些关键点有任何一个地方出问题，都会引起其他问题。感觉统合失调，本意指第三个关键点，即大脑进行综合处理时出现了问题，但是现在国内的一些信息几乎把孩子所有的行为、情绪以及人际互动问题全都归因于感统失调，这是不对的。

首先，感统失调不是因，而是果。如果孩子的大脑有问题，如智力发育迟缓、多动症、自闭谱系疾病、脑外伤等，当然会造成综合处理功能失调，表现出明显的感统失调。其实，网上罗列的很多感统失调表现，本身就是上述大脑问题的表现。所以，在对多动症、自闭症等疾病的治疗时，医生会配合感统训练。但这并不意味着是感统失调造成了这些疾病，家长一定不要因果倒置。

其次，判断是否是纯然的感统失调，必须先排除智力发育等其他脑功能障碍。对此，只有医院里的神经内科或者保健科医生才有资格做诊断。

再次，要考虑孩子是否发育到位的因素。低年龄（月龄）的孩子，神经系统、运动系统，哪有可能一下子发育到位。2岁左右的孩子走路大部分都是不稳的，并不是感统失调造成的。

最后，注意不要以偏概全。孩子不遵守纪律、爱发脾气、写作业慢等，一定是多因素造成的，如果只归因于感统失调，一定会失之偏颇，家长自己要有判断力。

5.关于自控力

自控力是一个伪命题，家长要培养和关注的是孩子的动机与需求。

自控与自律的区别在于：自控是忍耐，不自觉、不自愿，因此忍得难熬，一旦有条件，就绝不再忍；自律是自觉自愿的，别人视为苦和难，在他本人却安之若素，是真正自由的境界。

只强调自控力，容易给孩子带来以下危害：

- 压抑的、口服心不服的状态，孩子容易某一天爆发，或者进入抑郁状态；
- 被动、悲观的模式，孩子总是不得不做事，所以无法享受成就感，也不能创新，总是应付交差；
- 产生自卑的或者受害者的心态，因为孩子是被摆布的、不得已的、凄惨的；
- 情绪或者偏激或者抑郁，总之不会是平和的、温暖的、正向的；

• 形成亏欠感，愿赌不服输，自己不承担责任。

动机，简单说就是“为什么要这么做”的原因；需求，是结果或目标所带来的好处。孩子选择了自控（自我压抑），是为了不被唠叨，为了玩半小时游戏，或者害怕被老师批评，害怕被同学嘲笑……有很多与生俱来的动机和需求，有的是正向的，如好奇、模仿、希望被爱等，有的是负向的，如自私、懒惰等。如何生成正向且具有建设性的动机，如何以最恰当的方式满足自己的需求，才是人成长的核心内容之一。

这个世界上，有些事情应该而且必须做，有些事情是喜欢而且愿意做。一个人如果能统一“必须应该”和“愿意喜欢”，那什么也阻止不了他。动机和需求是开端，目标是结果，这中间的过程涉及规划、安排、坚持、忍耐、意志力、自我鼓励、自我控制等具体的态度和方式方法，去坚定自己的信念和决定。我们心里一定要清楚，自我控制是方法、手段，不是原因和目标，更不能把目光局限在自控力上。

建立和谐的夫妻关系，为孩子撑起一片爱的天空

情绪的力量是很大的。父母爱吵架、互相抱怨、容易发火等，会影响孩子的成长，孩子有可能会变成以下两种人：

• 用“吼”来解决纠纷，动不动就发怒、嚷嚷；

• 胆小怯弱，见到别人生气、发火就很害怕，虽然也很反感，但很少能表达自己的反感，更不敢迎击、对抗，而是选择沉默、逃避。

有些孩子还会出现一种矛盾表现，就是先选择沉默、压抑，到了极限

的时候就会突然爆发。

孩子一旦养成了上述这些类型的反应状态，在日常生活中不仅是亲密关系，一般的人际关系都会受影响。遇到与他人争执时，对方发火了，孩子本能的反应首先是上述他习惯了的类型。

如果父母发现自己总是无法控制情绪，建议多花一些时间去观察自己的日常状态，花时间做自我反思和调整。有必要的话，父母要寻找外力的帮助，包括做心理咨询。因为这些习惯行为和状态不仅影响孩子，也影响自己的生活质量。

需要提醒的是，父母一旦在孩子面前吵架，最好的补救方法是当着孩子面和好。父母要更有意识地在孩子面前表现正确处理矛盾的方式。这是展示给孩子处理冲突和矛盾的最佳时机。让孩子知道有冲突、有矛盾并不可怕，重要的是如何正确处理矛盾和提出建设性的解决方案。父母要让孩子知道："我们对问题有不同看法，每个人都可以有自己的看法，但这不会影响我们对你的爱。"

分手了，我们一样爱孩子

我相信，每一个决定离婚的人都有他充足的理由，外人是无从评判对错的。有了孩子而仍要离婚的人，也一定会尽其所能考虑到孩子的利益。完全不顾及孩子甚至用孩子做"人质"和利用工具的人，毕竟是极少数。

有些父母在离婚的时候会发生争吵、冷战、互相指责等，这些都在孩子眼前发生，把孩子的世界变成不稳定、不安全的，当然会给孩子造成伤害。

• 暗影响。父母双方中至少一方对另一方指责、诋毁，让孩子对婚姻和亲密关系产生恐惧。

• 被心灵施暴。离异后带孩子的一方把怒气发泄在孩子身上，孩子无法在家中找到支持和安慰，又无法逃离。大多数孩子会选择表面的忍耐和服从，而内心或者充满恨意，压抑着愤怒与反抗的念头，或者逐渐失去对世界的希望，变得孤僻、冷漠。

• 父母对孩子的愧疚之心让孩子更加觉得自己委屈。

• 父母双方或一方希望孩子站在自己这边，将孩子置于非常困难的处境。孩子大多会选择讨好那个带他的人，因为他无处可去，可是他会因此对另一个方心存愧疚。朝夕的相处一定会让待在一起的家长与孩子有更多的摩擦和冲突，孩子会期待、幻想另一个家长能更宽容、更体贴或更温柔。所以，离婚家庭的孩子真是矛盾极了。

• 孩子在家里失去了社会关系学习的榜样。

• 孩子孤立于人群，自怨自艾。

那么，离婚的家长应该怎么处理好跟孩子的关系呢？

• 尽量好合好散。有了孩子，父母就要负起责任，尽量不要意气用事，用理智和情感维护好孩子的利益，把孩子的事情安排好。

• 在孩子面前尽量不评论另一方，而是讲事实，让孩子了解自己的爸爸和妈妈。

• 不要逼孩子站队。父母虽然离婚了，对孩子来说，亲子之间的关系还是不变的。

• 不向孩子施压。不管是结婚还是离婚，都是大人自己的选择，千万不要说是为了孩子好才离婚的，孩子不应承担离婚的责任。

• 用不着自卑，也用不着掩饰或美化。父母坦然地承认婚姻不美满，自信地去用别的方式来帮助孩子补上社会学这一课，对孩子的未来、对自己的未来持乐观积极的态度。

• 拿孩子当正常的孩子对待。父母既不溺爱、可怜孩子，也不要忽略孩子。

不要把外界的情绪带回家

很多家长一开口就是各种不得已，可如果家长自己的时间都不足够自由，每天疲于奔命，那么给予孩子的时间肯定不够。孩子在脑海中形成的世界图像是惶恐狭窄的，认为自己是父母的累赘，对未来也不报期望。

有一个2岁女孩的妈妈跟我抱怨，自己是多么能干、多么有前途的一个高级白领，结果这两年待在家里带孩子，导致自己的学业、工作全荒废了。前几天遇到一个同事，听她讲起公司里的人事变动、新开的咖啡馆、最新流行的衣饰等，这个妈妈当时感到自己这辈子都完了。我问她当初为什么选择生孩子并且还选择了辞职做全职妈妈，她的回答是，听说年龄再大一些生孩子就不好了，所以赶在35岁以前生，生完之后没有老人帮着带，她又不放心保姆，只好自己带。她的抱怨是，在家里没有成就感，即便有保姆帮忙也仍然有干不完的活儿，丈夫下班回家还开始对她颐指气使，不像当初她出去挣钱时对她那么尊重了……

我问她，一个是给别人打工，另一个是家的主人和主持人，掌管自己和一家人的生活和幸福，哪一个更有意义。如果自己的价值必须由他人的夸奖赞誉或者薪水的多寡来衡量、体现，那么自己是什么位置？在自己的家里，难道也是一个打工的而不是主人？

很多的心理问题，一是源于什么都想要，结果反而什么都没有要到；一是源于愿赌不服输，总觉得自己是为了别人或者环境而不得不做的选择。如果家长自己的生活状态确实还处在各种不自由、不得已的情况，那么生孩子就要慎重。如果选择了生孩子，那就要承担作为父亲或母亲的责任。

摆正自己的心态

其实父母的抱怨，无论是直接对孩子发的，还是对社会、亲戚或他人，对孩子来说，影响都非常坏。主要表现在以下几个方面：

• 让孩子自责、愤懑、不服气。孩子一般都辩不过父母。父母的抱怨一定是有实际证据的，但借此发挥和引申，会让孩子的自责加深，想反驳又反驳不了，导致愤懑加深。

• 孩子不得不背上过多的责任和压力。不少家长抱怨是为了推脱责任，如“你学习不好，我在同事面前都抬不起头来”“你不知自立，我天天忙完工作还要忙你的事”……逼得孩子加深负罪感和愧疚之情。

• 抱怨的夫妻往往感情不好，孩子夹在中间左右为难，还要忍受软性的被动攻击。

• 孩子除了学会抱怨，很难增长其他的能力。

父母要想摆正自己的心态，就要做到：

• 耐心接受失败的结果，用理智去分析失败的原因，尤其是分清自己的原因和别人（孩子）的原因。

• 对于自己的原因，要勇于承担责任，自我反思，自我改进。

• 对于孩子的原因，一方面指出他的错误，另一方面教会孩子或者启发孩子如何改进和完善，让他不再犯同样的错误。

• 觉察自己的情绪，如果不仅是对孩子，对他人、对环境，都经常持有抱怨、指责的态度，那么需要做深刻的自我发现和个人成长，清理过去的积怨，学会宽容对待他人，学会适应环境。

学会付出

生孩子，意味着一个人社会角色的升级。想要成为别人的父母，就要无条件地给予和付出。

一个自己总是希求被爱、总是感到自己被爱得不够的人，无法做到给孩子真正的爱，自己的母性（父性）就不强。有些家长带孩子是为了显示自己多么称职，可这不是在养育孩子，而是在通过养育孩子证明自己多么优秀，这并不是付出。也有的家长，全部的情感和精力都放在孩子身上，是因为只有在孩子这里，其才能获得温暖亲密的感情联结和回报。孩子给予的爱几乎成了自己唯一的爱的来源，这就是索取。

可是，情感的付出和回报不是这么明晰的。越想向孩子施恩，绑架孩子的感情，逼迫孩子感激，越得不到孩子的真情。越是真诚的、无条件的付出，反而能够令孩子体会到母爱与父爱，赢得孩子真心的尊重、感恩和回馈。

智慧从生活中来

我们为什么会缺少生活的智慧呢？因为缺少生活的体验。我们看在眼里的父母的操持，和自己亲自做过，是不一样的。

一说到生活可能有人就以为是做家务。家庭生活的很多细节确实体现在做家务上，但家务只是个载体，重要的是家务后面所代表的对家庭生活的规划和实施，对每个成员的需求的关照，大家一起为家庭贡献的团队精神等。杨绛先生回忆小的时候，母亲每天有做不完的事，晚上了又想起来“孩子冬天的换季衣服没有找出来”又去找。虽然她的母亲很少有陪伴孩子、和孩子一起玩耍的时间，但却让孩子体会到自己被关照的爱意，反而对母亲、对家庭生出感恩的爱意和归属感。

现在物质生活丰富了，电脑、手机等高科技产品，给人们的生活方式带来了很大的冲击。不少家庭都在晚上回家吃完饭后，大人要么坐在电脑前上网，要么窝在沙发里玩手机，而孩子则回屋学习、写作业。虽然物质是丰富了，但大人孩子都沉浸在各自的虚幻世界里，没有兴致去丰富现实生活，生活中也就缺乏情趣。

为此，父母应该这样做：

- 用心去生活，增加家人之间的互动；
- 生活情趣不是一定要用钱来买，要学会真正享受生活；

• 设定独有的家庭仪式，创造自己家独特的家庭传统，如每天固定时间进行亲子共读，每周全家看一次电影，每月出去爬一次山或泡个温泉等；也可以在特定的时间举行特定的活动，如家人的生日活动、节日活动，或者节假日有计划地安排全家人一起去做一项有意义的事情等。

和孩子一起玩耍吧

有很多朋友向我抱怨，有了孩子后，自己的兴趣爱好放弃了一大半，时间和精力都给了孩子。

那么，是不是玩够了再要孩子比较好？也不一定。

有的人因为自己玩够了，就对世界和他人失去了好奇心。孩子的一举一动，他认为自己都明白，然而常常是主观和误解的。如果对于孩子的世界失去好奇，家长就不会以孩子的视角看孩子的世界，就更容易与孩子的距离太远、隔阂太深。

孩子小的时候是希望家长带着玩、做示范的。很多家长买了玩具扔给孩子玩，自己不参与。在孩子六七岁以前，最好是家长带着玩、一起玩，在玩中把要教给孩子的事情教了。这样玩着玩着，孩子不仅学习了，而且体验了。这才是会带孩子。

如果真的已经玩够了，整个人就会不那么有活力了。孩子小的时候还是非常耗费家长的精力、体力和耐心的。同一个动作孩子能重复几十次，还有无目的的疯跑、蹦蹦跳跳，家长如果只是站在一边看，很快孩子的兴致就没有了。

孩子的世界最开始是依附在父母的世界里的。父母如果已经玩够了，只剩下待在家里休息和回忆，孩子就也只能待在家里了。

总之，在孩子刚出生的头几年，父母要做好准备，放弃自己的一些兴趣爱好，陪伴孩子。然后，父母要有足够的热情和精力，带着孩子干些事情，开心玩耍。父母的兴致和活力会影响孩子的好奇和探索。

遇到处理不了的问题怎么办

如果孩子真的出现了躯体上的或者言行表现上的问题，家长不要着急，如果自己解决不了，可以寻找专业人士的帮助。

找到适合孩子的心理咨询师

对于如何鉴别、选择适合自己的心理咨询师，我建议在根据网上或者其他渠道得来的背景介绍初步筛选咨询师后，家长一定要亲自预约时间做一次咨询，才能有更准确的判断。下面介绍两个方法：

1.用心去感受

面对咨询师，咨询者要说出很多自己非常隐私的事实和隐秘的想法，因此自己是否能信任咨询师，是否面对他倾诉的时候感到舒服，是否不担心他听了以后的反应，是非常关键的。下面列出一些面对咨询者时咨询师的表现，供对照：

- 咨询师的态度是亲切和善的，但并不过度热情；

• 能取得咨询者的信任，但并没有产生佩服、崇拜的想法；

• 友好但并不顺着咨询者，讨好咨询者；

• 让咨询者放松，什么都可以说，不担心咨询师会反对、嘲笑或鄙视自己；

• 包容、慈悲善意，为咨询者着想。

2.用脑去判断

家长还要理智、客观地考察咨询师的以下条件：

• 培训经历和工作经历。

• 咨询师的年龄、性别、婚姻状况、生育状况。由于心理咨询行业本身的性质特点，咨询师本人的生活阅历对他的咨询工作是有影响的，而且影响还很大。所以，以上项目的考察可作为重要参考信息。

• 是否有条理，能把握时间等，做事是否有能力、有章法。

• 洞察力。

• 全局观。

综上所述，一个心理咨询师必须在理智与情感两个方面都健康、有能力，咨询者可以运用自己的理智与情感去考察和觉察这个人是否值得信任、信赖。

三步心理自助法

如果家长认为可以自己解决孩子的问题，却没有把握，请遵循这3个步骤：调查清点，设定目标，实现目标。

例如，孩子倒水时打翻了杯子，家长应该怎么反应？

第一步：调查清点。

我会问这个家长以下问题：

“孩子是男孩还是女孩？”

“多大了？”

“凉水还是热水？”

“以前倒过水吗？”

“是你要孩子倒水的，还是他自己主动倒的？”

“倒水前发生什么事了吗？”

“倒水的目的是什么？给谁倒？”

“打翻了杯子，造成了哪些后果？杯子碎了吗？打湿了什么东西？”

“在场的还有谁？他们与你的关系是什么样的？与孩子的关系呢？他们说什么了没有？”

“打翻杯子后孩子是什么样的态度？是满不在乎、惴惴不安、发脾气，还是感到委屈？”

第二步：设定目标。

“你想达到什么样的目的？教孩子倒水，教孩子处理善后，还是让孩子明白哪些自己能干、哪些不能干，让孩子正确认识这件事？”

第三步：实现目标。

基本上，当家长在回答我的一个个问题时，也就明白了自己应该怎么跟孩子说以及说什么。每一个孩子和家长、每一个家庭、每一个处境都如此不一样，所以解决问题的方法不可能也不应该有统一的答案。心理咨询师在不了解具体细节前，也给不出最贴合实际的答案。所以，希望家长能够学会这3个步骤。至于每个步骤做得是否到位，考验的是家长自己是否耐心细致，是否足够敏感，对孩子是否了解，等等。如果家长自己的问题不解决，就算专家给了准确的答案，下次遇到问题还是不行、不会。所以，希望每一个家长承担起责任，去学习了解孩子，通过帮助孩子解决问题，支持孩子的成长。